U0389276

本书由南海海洋资源利用国家重点实验室、海南省教育厅科研项目“南海海洋牧场环境影响遥感监测与评价研究”（Hnky2016ZD-6）、海南省自然科学基金面上项目“热带海洋牧场旅游开发与生态环境耦合机制研究——以三亚蜈支洲岛为例”（417068）资助出版

热带海洋牧场丛书

丛书主编／王爱民

海洋牧场概论

王凤霞　张　珊／编著

科学出版社
北京

内 容 简 介

海洋牧场对海洋生态环境修复、海洋产业发展及其产业融合与升级等方面具有促进作用。本书全面梳理了海洋牧场的概念、发展历程及趋势，分三个部分进行阐述：第一部分主要对海洋牧场的起源及建设背景和国内外海洋牧场的发展历程进行了介绍；第二部分主要对全球海洋牧场建设比较成功的国家和地区进行了梳理和介绍，内容包括日本海洋牧场、韩国海洋牧场、美国海洋牧场及中国海洋牧场的建设发展历程；第三部分是海洋牧场未来发展趋势展望。

本书可供海洋渔业、海洋生态学等领域的研究者及相关专业的教师和学生阅读，也可供对海洋牧场感兴趣的读者参阅。

图书在版编目（CIP）数据

海洋牧场概论 / 王凤霞，张珊编著. —北京：科学出版社，2018.4

（热带海洋牧场丛书/王爱民主编）

ISBN 978-7-03-055875-6

Ⅰ. ①海… Ⅱ. ①王… ②张… Ⅲ. ①海洋农牧场-研究-中国 Ⅳ. ①S953.2

中国版本图书馆 CIP 数据核字（2017）第 304846 号

责任编辑：郭勇斌　彭婧煜　欧晓娟 / 责任校对：王晓茜
责任印制：张　伟 / 封面设计：黄华斌

科学出版社 出版
北京东黄城根北街 16 号
邮政编码：100717
http://www.sciencep.com
北京建宏印刷有限公司 印刷
科学出版社发行　各地新华书店经销
*
2018 年 4 月第　一　版　开本：720 × 1000　1/16
2024 年 1 月第五次印刷　印张：13
字数：221 000

定价：78.00 元

（如有印装质量问题，我社负责调换）

“热带海洋牧场丛书”编委会

丛 书 序

海洋是地球生命的摇篮，海洋占据了地球表面积的71%，是人类赖以生存的重要空间，也是人类获取优质蛋白的“蓝色粮仓”。随着捕捞强度逐渐增加，海洋污染范围不断扩大，海洋渔业资源的衰退现象日益严重，海水养殖业作为对海洋捕捞的补充，近年来得到了快速发展，但海水养殖带来的环境、健康及质量安全问题日益凸显。渔业发展中资源与环境的关系及由此带来的一系列问题已成为制约海水养殖业乃至海洋渔业可持续发展的瓶颈之一。我们向海洋索取得已经太多，是时候保护海洋了。

海洋牧场建设作为解决以上问题的有效手段之一逐步得到关注。海洋牧场化是海洋渔业的根本出路，这是社会生产力发展到一定阶段的必然产物，即从渔猎时代发展到人工控制的家畜放牧养殖时代。在陆地上，人类最初也是以打猎为生，后来才发展家畜放牧养殖。现今家畜放牧将从陆地扩展到海洋。因此海洋牧场化是社会文明进步的必然产物。海洋牧场是一个新型的增养殖渔业系统，即在某一海域内，建设适应水产资源生态的人工生息场，采用增殖放流的方法，将生物苗种经过中间育成或人工驯化后放流入海，利用海洋的自然生产力和微量投饵育成，并采用先进的鱼群控制技术和环境监控技术对其进行科学管理，使其资源量增加，以达到有计划、高效率进行渔获的目的。

到目前为止，学术界尚未对海洋牧场作出统一的定义，这反映出人们对海洋牧场的认识还在不断深化和完善的过程中。综述国内外学者的观点，结合海洋牧场包含的目的、空间、权属、苗种、饵料、管理和效果等方面要素，经过多次讨论后认为海洋牧场可以表述为“基于海洋生态学原理和现代海洋工程技术，充分利用自然生产力，在特定海域科学培育和管理渔业资源而形成的人工渔场”（杨红生语）。

人工鱼礁建设是海洋牧场建设最重要的组成部分之一。人工鱼礁为鱼类提供了鱼巢，鱼类有了栖息的场所就具备了在海洋牧场生存、繁衍的条件。它具有良好的环境功能：产生局部的上升流，有助于水体中空气和营养盐的交换；礁体表面及礁体周围的海底区域往往成为底栖生物和浮游生物的聚集区；礁体内外的水体空间成为幼鱼、幼虾的避敌之所，为增殖放流的目标种类的存活提供了安全保障。世界各国的海洋牧场建设都少不了人工鱼礁的投放。我国海洋牧场的建设从北到南蓬勃发展，不但对渔业资源的恢复和保护起到了促进作用，而且使经营海洋牧场的企业也取得了显著的经济效益。我国北方地区利用海洋牧场发展经济动物（海参、鲍鱼、扇贝和海胆等）的底播增养殖取得了可喜的成绩。鱼礁周围的鱼类（多为优质鱼类）高度聚集，上钩率高，因此，在海洋牧场中发展海钓产业不但能够获得丰富的渔获物，而且能够有效地发展游钓娱乐业；将人工鱼礁建成景观鱼礁既不失鱼礁本身的功能，又能将海底建成景观世界，吸引游客潜水体验水下世界的奥秘。因此，海洋牧场将成为一个多功能的载体，能够有效地实现陆海统筹、三产贯通，促进海洋渔业的转型和发展可持续的新型海洋渔业。在我国南海发展热带海洋牧场，不仅能使渔业繁殖与增殖，而且能在注重生态修复及旅游开发的同时，兼顾维护国家领土完整的艰巨使命。建设南海海洋牧场是利国利民、功在当代、利在千秋的重大社会任务。

现代海洋牧场的建设要顺应自然规律，实现人与自然和谐相处的目标，呈现唐代诗人沈佺期《钓竿篇》中“朝日敛红烟，垂竿向绿川；人疑天上坐，鱼似镜中悬”的美景；尽享清代诗人王士祯《题秋江独钓图》中“一蓑一笠一扁舟，一丈丝纶一寸钩；一曲高歌一樽酒，一人独钓一江秋”的垂钓之乐。只有从我国古代圣贤提倡“天人合一”的理念出发，才能最终建成可持续发展的、实现“在保护中开发，在开发中保护”的现代海洋牧场。

现今海洋牧场建设已完全有别于过去的人工鱼礁建设，其发展需要多学科的协同努力，包括渔业科学、海洋生态学、水产养殖学及海洋动力学等；如人工鱼礁设计涉及建筑学、材料学和海洋生物学；海洋牧场的管理需要利用信息化、遥感监控等技术；海洋牧场的渔获物更需要水产加工、产品储藏和运输技术等；由于海洋牧场也可以作为休闲渔业的场所，便需要从旅游业的视角进行规划、创作、营销和管理，甚至需要艺术家参与设计具有故事情节和艺术风格的景观鱼礁和雕塑。

2016 年 7 月科学技术部和海南省人民政府批准建设省部共建“南海海洋资源

利用国家重点实验室”，本人有幸组建了国家重点实验室的海洋牧场科研团队。我们将以南海海洋牧场，特别是热带海洋牧场为研究对象，围绕前期规划、中期建设、后期评估及多功能拓展等开展系列研究；这些研究成果将以丛书的方式呈现，希望为我国海洋牧场的建设与研究贡献绵薄之力。

王爱民

2017 年 6 月

目　　录

第一章　海洋牧场起源及建设背景

第一节　海洋牧场概念

海洋牧场（Marine Ranching）的概念源于陆地牧场，目前关于海洋牧场的定义尚无定论。海洋牧场建设总是与人工鱼礁有着密切的联系，美国、日本、挪威等最早着手于投放人工鱼礁，建设海洋牧场。

《英汉渔业词典》对人工鱼礁的解释是为了改善水域生态环境、诱集鱼类栖息或繁殖，而在水中设置的固体设施。有学者将人工鱼礁定义为人们为了诱集并捕捞鱼类，保护、增殖鱼类等水产资源，改善水域环境，进行休闲渔业活动等有意识地设置于预定水域的构造物。常见的对人工鱼礁的解释是：人为在海中设置的构造物，是为了是改善海域生态环境，营造海洋生物栖息的良好环境，为鱼类等提供生长、繁殖、索饵和避敌的场所，达到保护、增殖和提高渔获量的目的。可见人工鱼礁不外乎包含以下几个要素（表 1-1）。

表 1-1　人工鱼礁概念主要要素

主体	客体	地点	动机
人类	构造物	特定海域	改善环境、获取经济效益

中国学者黄文沣认为“栽培渔业”或“海洋牧场”设想是在海湾地区设置人工孵化设备、稚鱼培育场、人工藻场，并与人工鱼礁投放、苗种放流等措施有机结合，对饲养在“海洋牧场”的鱼类用超声波和光进行诱集，实行自动投饵，同时设置能使成鱼集群的人工漂浮海藻站和大型鱼礁站，对鱼类从孵化到捕捞的整个过程进行管理[1]。日本学者市村武美认为广义的“海洋牧场”包括养殖式的生产方式和增殖式的生产方式；北田修一将“栽培渔业”理解为“有计划地放流苗种，对生长场所加以适当管理使之在自然环境下定居，靠自然的力量发育形成资源，同时，在合理管理之下，捕捞生产”[2]。被我国大多数学者采用的“海洋牧场”概念是指在特定海域里，为有计划地培育和管理渔业资源而设置的人工渔

场[3]。也有学者对“海洋牧场”作出更为详细的界定：为使该海域资源增加或引进外来经济鱼种，采用增殖放流的手法将生物苗种经过中间育成或人工驯化后放流入海，以该海域中的天然饵料为食物，并营造适于鱼类生存的生态环境的措施（如投放人工鱼礁、建设涌升流构造物等），利用声、光、电或其自身的生物学特性，采用先进的鱼群控制技术和环境监测技术对其进行人为的、科学的管理，使资源量增加，改善渔业结构的一种系统工程和未来型渔业模式[4]。一般的解释是：在一定海域内，采用规模化渔业设施和系统化管理体制，利用自然的海洋生态环境，将人工放流的经济海洋生物聚集起来，像在陆地放牧牛、羊一样，对鱼、虾、贝、藻等海洋资源进行有计划和有目的的海上放养。从众多概念中可以发现，海洋牧场存在共性特征：①范围特定。建设海洋牧场是具有针对性的，选取的位置需要事先考察评估。②人为干预。人工鱼礁的设置和投放、生物苗种的培育和放流、人工驯化和海域监测等均受到人为干预。③开放环境。海洋牧场不同于淡水养殖，不是圈养，需要开阔的海域。④生态效益与经济效益。建设海洋牧场目的，起初是解决渔业资源枯竭问题，带来经济效益。随着时间的推进和技术的发展，发现海洋牧场可以改善水质并缓解其他生态环境问题，可实现生态环境的可持续发展。

第二节　海洋牧场起源

近半个世纪以来，由于海洋渔业的过度捕捞、粗放式养殖、栖息地破坏和环境污染等原因，一些海域生态环境受损，渔业资源衰退，严重影响了沿海和近海海洋渔业及海洋生物产业的可持续发展。因此，研究和探索一种新型的海洋渔业生产方式，在修复海洋生态环境、涵养海洋生物资源的同时，科学地开展渔业生产，以持续提供优质安全的海洋食品，是海洋渔业发展的当务之急。海洋牧场就是这样一种新型的海洋渔业生产方式。

海洋牧场一词最早出现于日本，这与日本的饮食文化有着直接关系。日本人的食材很大一部分来源于海洋，海产品是其重要组成部分。日本建造人工鱼礁的历史可以追溯到300多年前。1640年，在日本高知县便有人将山上的石头投入大海建造渔场。19世纪，人们又将废船、废车、木材、石块、混凝土块等材料投入海底造礁，进行海洋养殖渔业开发。日本于1952年正式开展浅海增殖项目，是栽培渔业的开始。栽培渔业（Fish Farming Cultivating Fisheries）又称为鱼类栽培或资源培养型渔业，是海洋牧场的起源。日本于 1954 年开始投放散设式鱼礁，于 1958 年开始投放大型鱼礁，于 1961 年在濑户内海开展养殖渔业，并设立濑户内海栽培渔业中心，自此“栽培渔业”一词正式被采用[5]。“海洋牧场”一词首次出现在 1971 年日本提出的“海洋牧场系统构想”中，1974 年在制定《沿岸渔场整备开发法》[6]时，将投放人工鱼礁逐步制度化，由此进入规模化、制度化人工鱼礁时代。1975～1976 年，日本科学技术厅进行了“海洋牧场的技术论证”，评价了海洋牧场技术现状，探讨了该技术未来的动向，在论证报告中指出：“海洋牧场是未来渔业的基本技术体系，是可用海洋生物资源，持续地生产食料的系统。”[2]1977～1987 年日本实施了“海洋牧场计划”，建立了世界上第一个海洋牧场——黑潮海洋牧场。

美国人工鱼礁思想起源于 19 世纪 60 年代，当时山洪暴发，树木沉入海底，引来鱼群，受此启发，人们制作木笼沉于海底，随后学会了投放石块等材料以达到聚集鱼群的效果。美国真正开始人工鱼礁的建设是在 20 世纪 30 年代。美国于 1935 年在新泽西州梅角附近海域建了一个鱼礁区；1962 年建立了人工鱼礁群——在菲伊亚岛投放的一个人工鱼礁，长 1600 m、宽 160 m，三个轮胎一组，500 组串联，串有废旧船只，并在佛罗里达州近海投放废旧轮胎，形成新的渔场[7]；1968 年，加利福尼亚州建设了美国第一个国家授权的私人海洋牧场，专门出台了法规将此设为示范基地[8]；1971 年后美国沿海地区进一步开放了养殖范围并完善了相关法律法规的制定，如俄勒冈州允许私人海洋水产养殖，阿拉斯加州制定了鲑鱼海洋牧场法律，自此美国掀起了人工鱼礁建设的高潮[9]。通过在普拉姆岛沿岸设置海洋渔业养殖实验基地，观测发现该基地具有鱼类数量、种类明显增多，并且海域生态环境良好等优点[10]，因此，1985 年美国出台《国家人工鱼礁计划》，将人工鱼礁纳入国家发展计划中。美国在 1988 年召开的第 4 届国际人工鱼礁会议上将“人工鱼礁”（Artificial Fish Reef）正式改名为“人工栖所”（Artificial Habitat），旨在扩大其功能范围[11]。

20 世纪 60 年代韩国开始进行海洋水产养殖建设，主要以海带、紫菜等藻类为主。人工鱼礁的投放始于 1971 年，韩国在江原道襄阳水域投放混凝土鱼礁，同年建立北济州育苗场。1998 年，韩国实施海洋牧场计划，最初名称为“小规模海洋牧场”，意为短期内小规模地投资建立海洋牧场，2009 年将此名改为“沿岸海洋牧场”，逐步建设海洋牧场示范基地。2016 年韩国计划将在朝鲜半岛西部海域北方界线近海设置8个大型人工鱼礁，此次设置的人工鱼礁用石质和铁质材料制造，设置地点为白翎岛、大青岛等东侧海域[12]，旨在为周边渔民提供丰富的渔业资源。

自20世纪60年代后，法国、澳大利亚、意大利、西班牙、挪威等也纷纷开始建设人工鱼礁，开发海洋资源。法国于20世纪70年代尝试建设“比亚特笼”，它是由塑料和三合土制成的多层建筑；1970年，澳大利亚在沿海地区投放15 000个旧轮胎来建设人工鱼礁，1974年，澳大利亚又在波特赫金近海投放70万个废轮胎；意大利曾在热那亚沿海抛掷1000多辆废弃车辆到海底；1979年西班牙在巴塞罗那沿岸海域建设了第一个面积约为1000 m^2的人工鱼礁，1983年颁布了第一项多年度人工鱼礁指导计划，1987年西班牙政府颁布了《关于人工鱼礁的多年度指导计划》；1988年，挪威投放鳕鱼幼苗于马斯峡湾海域，1990年提出海洋牧场计划，2000年开始人工鱼礁的建设。世界各国纷纷建设人工鱼礁，来实现资源的循环利用，为海洋牧场的建设发展奠定了基础。

追溯中国海洋牧场的起源，历史悠久。我国“罧业”出现在春秋战国至汉代时期，在《尔雅》中便有关于渔民“投树枝垒石块于海中诱集鱼类，然后聚而捕之”的记载，这可谓是海洋牧场最早的记载。中国“耕海”至今至少有2200多年的历史，南北朝时期北魏著名地理学家郦道元在名著《水经注》中记载：“交趾昔未有郡县之时，土地有雒田。其田随潮水上下，民垦食其田，因名为雒民。”[13]发展到宋代，出现蚝（牡蛎）田，居民掌握了人工养殖珍珠的技术。明清时期，在海中放置竹篱诱集鱼群，随后清代渔民在海中投放石块、破船等物体，诱集鱼群捕捞，规模化人工养殖蚝、蛏、蚶、鲻等海洋生物。

1948年中国著名海洋生态学家朱树屏带队进行舟山渔场海洋调查。20世纪60年代初，朱树屏先生从海洋生态和初级生产力入手加强资源与渔业研究，他积极提倡“从种地扩大到种水”，在中国最早提出了改良水域、提高海洋生产力的设想。作为世界浮游植物实验生态学领域的先驱者，朱树屏先生在胶州湾设观察站点，逐月调查浮游植物生长所需营养盐的组成特点和变化规律，首次提出可根据长期连续的调查结果，预报海产生物资源及养殖业的丰歉，进行“种海”，合理开发利用海洋的战略思想。进入20世纪70年代中期，中国科学院学部委员（院士）曾呈奎首次提出了“海洋农牧化”（Farming and Ranching of the Sea）的设想，并将此理论应用于实践，实现“蓝色农业”。海洋农牧化是海洋水产生产农牧化的简称，是指通过人为的干涉，改造海洋环境，以创造经济生物生长发育所需要的良好环境条件，同时，也指对生物本身进行必要的改造，以提高它们的质量和产量的方法。农牧化包括农业化和牧业化两个方面的内容，又被形象地称为“耕海”和“牧海”。农业化生产事业可称为海洋农业，包括藻类和基本上固着生长、移动力较弱的底栖动物，如贻贝、泥蚶、蛏子等贝类的生产事业，也包括具有游动能力，但被限制在池塘、网笼或竹箩里不能在广大海域内游动的鱼虾类的生产事业；牧业化生产事业可称为海洋牧业，养殖方法可简称为放养或放牧，是指将鱼虾苗培养到一定大小，然后释放到自然海域进行索饵生长发育的生产事业[14]。

我国早期人工鱼礁是人为地向海洋里投入适宜鱼群聚集的各种物体，台湾岛人工鱼礁的建设起源于 1957 年，在台东乌石鼻近海岸投放了 385 个混凝土块作为人工鱼礁；1973 年，台湾农业主管部门和渔业主管部门进行了共同协调规划，开始有计划地在沿岸海域投放人工鱼礁，主要投放区域在澎湖列岛海域，初期投放主要以小型礁体为主，如四角形水泥礁（1 m×1 m×1 m）、汽油桶、废旧车厢等，1977 年开始主要投放水泥制人工鱼礁，10 年间建造了 19 个人工鱼礁点，到 1990 年建造了 38 处人工鱼礁区，投放人工鱼礁 20 000 多个，其中水泥礁有 17 000 多个，投入资金超过 1.7 亿新台币，在此期间主要生产了 5 种类型的水泥礁：矩形水泥礁Ⅰ型、矩形水泥礁Ⅱ型、半圆积垒式水泥礁、四角形水泥礁及 2 米双层式水泥礁（现今应用的主要类型）[15]。2000 年人员运输舰“万安”号在宜兰石城外海投放，之后的两年半，总共投放了 13 艘退役军舰，其中 2003 年，退役驱逐舰“汉阳”号在苗栗外埔外海爆破，投入海底作为人工鱼礁；2015 年台湾“渔业署”再次改造退役的船坞登陆舰“中正”号，投放于台湾屏东县车城乡海口村海域，成为岛内第 14 处军舰礁，“渔业署”指出，截至 2015 年，台湾沿岸已有 88 处人工鱼礁区，总计 27 000 余个鱼礁，包括电杆礁、大型钢铁礁及船礁[16]。中国大陆于 20 世纪 80 年代提出海洋牧场设想，并开始建设苗种培育基地，设置增殖站、放流站，逐步进行投放实验。1979 年，在广西钦州防城县首次研究制造了 26 个小型沉式单体人工鱼礁，截至 1982 年，人工鱼礁试点达到 16 个，并逐步向广东、江苏、山东、辽宁等地扩建[17]。进入 21 世纪，政府加大海洋牧场投资力度，制定相关法律法规，提供政策和资金支持，逐步建成獐子岛、海州湾、蜈支洲岛等海洋牧场，并进一步扩建，组建管理队伍，加强后期建设。2015 年 5 月，我国农业部组织开展国家级海洋牧场示范区创建活动，在现有海洋牧场建设的基础上，高起点、高标准地创建一批国家级海洋牧场示范区，推进以海洋牧场建设为主要形式的区域性渔业资源养护、生态环境保护和渔业综合开发活动[18]。建设海洋牧场，改善我国近海海域生态，通过投放人工鱼礁、建设“海底森林”，逐步推进海洋开发、走向世界，建设世界级海洋牧场。

第三节 海洋牧场建设背景

一、水产养殖产量增加，海洋水产养殖潜力巨大

1. 全球海陆水产养殖产量

地球表面的总面积约 5.1 亿 km^2，其中海洋面积 3.6 亿 km^2，占地球表面总面积的 71%。全球海洋的水量比高于海平面的陆地体积大 14 倍，约为 13.7 亿 km^3。海洋中生物种类众多，沿海地区渔产丰富，就 2014 年海洋渔业产量而言，中国是产量大国，随后依次是印度尼西亚、美国、俄罗斯。水产养殖产量方面，从国家层面衡量，2014 年有 35 个国家的水产养殖产量超过捕捞产量，中国的水产养殖产量占全球水产养殖总产量的 60%以上，印度、越南、孟加拉国、埃及、希腊、匈牙利等都有着相对较为发达的水产养殖技术，并且在 20 年间水产养殖产量翻了几番，2014 年埃及水产养殖产量（不包含水生植物和非食用产品）为 11.37 万 t，是 1995 年水产养殖产量的 16 倍。近 20 年来，在水产养殖产量方面波动较大的是亚洲和非洲地区，其次是美洲，其中亚洲地区的水产养殖产量增幅最明显（图 1-1）。根据联合国粮食及农业组织（Food and Agriculture Organization of United Nations，

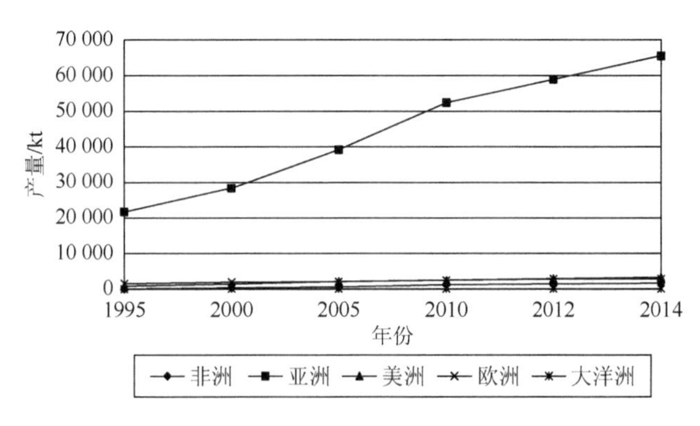

图 1-1 全球区域水产养殖产量[19]

注：不含水生植物和非食用产品

FAO）整理的数据（表 1-2、图 1-2）可知，2014 年全球渔业海洋产量占总产量的 64.7%，而海洋水产养殖产量占水产养殖产量的 36.2%。2007～2014 年全球内陆水产养殖产量增幅明显大于海洋水产养殖产量，全球水产养殖产量的比例由 35.5%增长到 44.1%，但在水产养殖产量中，海洋水产养殖产量由 2007 年 40.1%的比例下降到 2014 年的 36.2%，海洋面积广阔，潜力巨大，相较于内陆水产养殖，其水产养殖开发力度仍有待加强[19]。地球上淡水资源总量占总水量近 3%，事实上，陆地上的淡水资源总量只占地球总水量的 2.53%，与人类生产和生活关系密切、较易开采的淡水，仅占地球淡水资源总量的 0.3%，而 2007 年全球内陆水产养殖产量与海洋水产养殖产量的比例为 3∶2，2014 年二者之比约为 9∶5，与淡水和海水储量的巨大差距相比，海洋水产养殖的潜力值得进一步挖掘开发。建设海洋牧场是海洋开发的一种新型海洋水产养殖方式，渔业养殖需要创新性探索，挖掘生态环保型渔业养殖模式，是建设海洋牧场行之有效的方式之一。

表 1-2 2007～2014 年全球渔业产量表[19] （单位：百万 t）

年份		2007	2008	2009	2010	2011	2012	2013	2014
水产捕捞产量	内陆	10.1	10.3	10.5	11.3	11.1	11.6	11.7	11.9
	海洋	80.7	79.9	79.7	77.9	82.6	79.7	81.0	81.5
	总量	90.8	90.2	90.2	89.2	93.7	91.3	92.7	93.4
水产养殖产量	内陆	29.9	32.4	34.3	36.9	38.6	42.0	44.8	47.1
	海洋	20.0	20.5	21.4	22.1	23.2	24.4	25.5	26.7
	总量	49.9	52.9	55.7	59.0	61.8	66.4	70.3	73.8
水产总量		140.7	143.1	145.9	148.2	155.5	157.7	163.0	167.2

注：不含水生植物

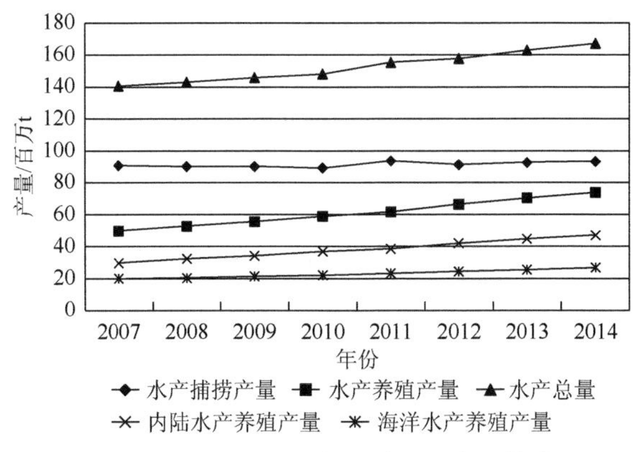

图 1-2 2007～2014 年全球渔业产量趋势

2. 中国海陆水产养殖产量

我国的海水鱼类养殖的大规模发展始于20世纪70年代末和80年代初（改革开放以后），特别是海水网箱养殖的发展尤为迅速，是继藻类、贝类和对虾养殖之后崛起的又一水产支柱产业，具有很大的发展潜力，养殖方式有单养和混养两种，养殖方向从早期的粗养发展到现在的半精养和精养[20]。目前，中国是全球最大的水产养殖国，2014年中国大陆水产养殖产量是4546.9万t，占全球水产养殖总产量的61.62%。我国海岸线总长度为3.2万km，其中大陆海岸线1.8万km，岛屿海岸线1.4万km，我国拥有300万km^2的辽阔海域，居世界第四，深度为0～20 m的浅海面积约为15.7万km^2，但其利用率仅为0.5%。同时全国渔业经济统计公报的数据（表1-3）显示，2011～2015年内陆和海洋水产养殖产量逐年增加（图1-3），2011年水产养殖产量和水产捕捞产量的比例为2.55，2015年二者的比例为2.80，水产养殖产品比例有微小的上升，同时2011年在水产养殖总量中海洋水产养殖产量占38.6%，2015年则占38.0%，海洋水产养殖产量微有下降。然而2011～2015年海水养殖面积与淡水养殖面积均有增加（图1-4），二者之间的面积比例保持在27∶73，浮动微小，海水养殖开发程度远低于内陆水域，二者比较而言，我国海水养殖开发程度明显较低，仍存在着巨大的潜力。自20世纪60年代以来，我国的海洋水产养殖产量呈逐年递增趋势。从80年代开始，传统的水产养殖业已由小范围、分散经营向规模化、集约化方向发展。1985年海洋水产养殖产量达到125万t，1995年增加到722万t，2005年达到1390万t，2015年达到1875万t，2015年产量是1985年的15倍。中国的海水鱼类养殖虽然发展得相对较晚，但随着海水鱼类苗种繁育技术不断取得新突破，设施养殖技术与模式的不断创新，近年来海水鱼类养殖产量呈逐年递增的发展趋势。50多年间，我国海水养殖业的发展经历了三次热潮。第一次热潮以藻类养殖为代表，第二次热潮以对虾养殖为代表，第三次热潮以扇贝养殖为代表。近年来以海水鱼类养殖为代表的第四次热潮正在兴起[21]。

表1-3　2011～2015年中国渔业产量表　　（单位：万t）

年份		2011	2012	2013	2014	2015
水产捕捞产量	内陆	223.23	229.79	230.74	229.54	227.77
	海洋	1 356.72	1 389.53	1 399.58	1 483.57	1 533.98
	总量	1 579.95	1 619.32	1 630.32	1 713.11	1 761.75

续表

年份		2011	2012	2013	2014	2015
水产养殖产量	内陆	2 471.93	2 644.54	2 802.43	2 935.76	3 062.27
	海洋	1 551.33	1 643.81	1 739.25	1 812.65	1 875.63
	总量	4 023.26	4 288.35	4 541.68	4 748.41	4 937.90
水产品总量		5 603.21	5 907.67	6 172.00	6 461.52	6 699.65

资料来源：全国渔业经济统计公报

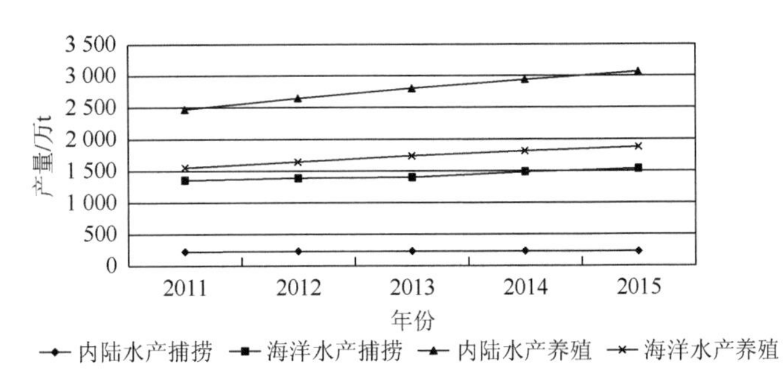

图 1-3　2011～2015 年中国渔业产量趋势

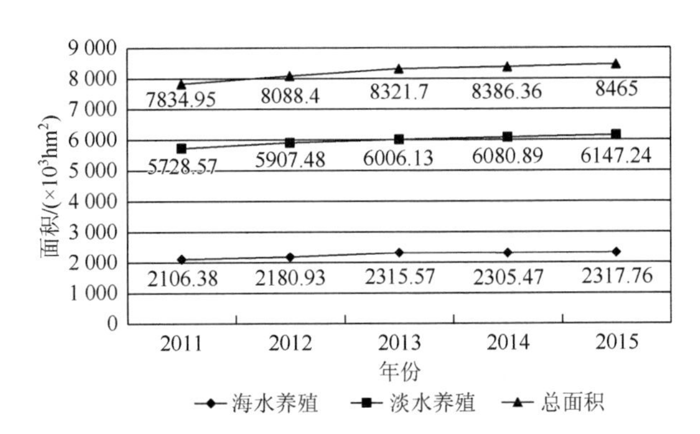

图 1-4　2011～2015 年中国水产养殖面积

资料来源：全国渔业经济统计公报

3. 海洋水产养殖潜力

海洋可为人类提供丰富的海洋动植物资源，鱼、虾、蟹、贝和藻类等都属于粮食范畴，海洋水产养殖的亩①效益是粮田的 10 倍，故有“一亩海水十亩田”之说法。海产品蛋白质含量高达 20%以上，是谷物的两倍多，营养价值比肉禽蛋高

① 1 亩 = 666.67 m^2。

五成。更为重要的是，这些海洋资源既不与陆地粮食争地争水，又不与畜牧争草，不占用陆地空间。海洋经济发展国际高峰论坛上各学者曾呼吁中国深挖海洋水产养殖潜力，释放“海洋粮仓”在保障中国解决“吃饭”问题上蕴藏的潜力，中国工程院院士麦康森指出，“中国是世界饲料资源匮乏大国，50%～80%依赖进口，水产养殖是中国食物安全供给与持续发展的刚性需求，且养鱼比养猪能节约更多的粮食，污染环境更少，有利于改善人民健康的动物蛋白生产方式，海洋养殖业更具有投资价值。目前中国把粮食安全的焦点大都投向与土地休戚相关的农业与畜牧业，巨大的‘蓝色耕地’潜能尚未得到足够的重视”[22]。海洋水产养殖的空间巨大，随着人口的持续增加和耕地的减少，海洋食品有望成为人类重要的食物来源，海洋牧场亟待大力开发。中国人口众多，水产品需求消费量巨大，中国工程院院士唐启升认为 2030 年中国水产品需求量将增加 1000 万 t，这将主要依赖于海洋水产养殖和捕捞。同时中国具有广阔的劳动力市场，海洋水产养殖属于劳动密集型产业，劳动力成本所占比例较高，而中国劳动力成本具有优势，以澳大利亚的 Western Australian Abalone 公司为例，劳动力成本是养殖成本中最大的构成部分，当养殖规模上升 4 倍到 200 t 时，Western Australia Abalone 公司的劳动力成本占比可能降到 29%，这和獐子岛目前的成本比例接近，中国养殖公司的劳动力成本具有绝对优势[23]。由此可见中国海洋水产养殖潜力巨大，优势众多，为海洋牧场的开发提供了优厚的资源和条件。

二、人工鱼礁投放的兴起

美国是最早投放人工鱼礁的国家。1935 年，热心海洋的体育性捕鱼者在新泽西州梅角附近海域建造了世界上第一个人工鱼礁。1936 年，里金格铁路公司在这个州的大西洋城疗养中心建成了另一个人工鱼礁。当时的人工鱼礁的建造主要用于休闲游钓渔业，而不是以渔业增殖为目的。第二次世界大战后，建礁范围从美国东北部逐步扩展到西部和墨西哥湾，甚至到夏威夷州。自 1972 年美国政府通过 92-402 号法案以来，美国沿海各州掀起了人工鱼礁建设的高潮，并得到财政资金的支持，至 1983 年共建造了 1200 个鱼礁群，每个礁群的体积均有数万空立方米①，遍布水深 60 m 以内的东西沿海、南部墨西哥湾、太平洋的夏威夷岛等海域，鱼礁

① 空立方米是人工鱼礁的计量单位，指人工鱼礁外部轮廓包围的体积，可用“m^3·空”表示。

区的渔业生产力为自然海区的 11 倍；每年约有 5400 万人到鱼礁区参加游钓活动，游钓船达 1100 万艘，钓捕鱼类 140 万 t，其产值相当于全美渔业总产值的 35%；可安排 50 万人就业，每年游钓渔业的总收入达 180 亿美元，这正是人工鱼礁的效果；同时，美国还在加大人工鱼礁研究的力度。

世界上投入资金最多和对人工鱼礁研究最深入的国家是日本，也有人认为日本是世界上最早建造人工鱼礁的国家，于 1800 年即开始设置人工鱼礁捕鱼。早在 1945 年，日本就开始进行人工鱼礁的建设，它大体上经历了 3 个建礁阶段，包括普通型鱼礁、大型鱼礁和人工鱼礁等。日本对人工鱼礁的研究已经非常深入，其水产厅下属的几个水产研究所都有专人研究人工鱼礁与鱼类的关系及人工鱼礁的效益等方面的问题，水产工学研究所则专门研究人工鱼礁的机制、结构、材料和工程学原理。为了更合理地建设人工鱼礁，日本在人工鱼礁建设上出现了新动向，开始建设贝壳礁、高层鱼礁等。贝壳礁的建设，可以使大部分废弃的贝壳得到有效的利用；高层鱼礁具有稳固性和位置不易发生移动的优点，其高度可达 40 m，体积可达 3558 m^3·空，重量可达 121 t，有的礁体的高度甚至可达 70 m。目前，日本是全球人工鱼礁建造规模最大的国家，它将人工鱼礁建设作为发展沿岸渔业的重大措施，由国家、府县和渔业行业组织联合实施，大型鱼礁经费由国家承担 60%、府县政府承担 40%；中小型鱼礁经费由国家承担 50%、府县政府承担 30%、渔业行业组织承担 20%。早在 20 世纪 50 年代日本就投资 340 亿日元，沉放了 1 万艘小型渔船，建成了 5000 多个人工鱼礁群，体积达 336 万 m^3·空。1976～1981 年，日本又投资 705 亿日元，设置人工鱼礁 3086 个，体积达 6255 万 m^3·空。据报道，日本的渔业产量由 1979 年的 189 万 t 增加到 1984 年的 338 万 t。1952～1966 年，日本在全国设置的各种人工鱼礁达 140×10^4 多个，投资了上亿日元。1975 年投放了 336×10^4 m^3·空人工鱼礁，投资达 304 亿日元。到 1979 年共投放 736×10^4 m^3·空，投资达 574 亿日元。1983 年日本又投放近 1000×10^4 m^3·空的人工鱼礁，总投资额超过 1200 亿日元。近几年，日本政府和地方政府每年还投入 600 亿日元用于人工鱼礁的建设，建礁体积约为 600 万 m^3·空。可见，日本对人工鱼礁的建设是何等重视；此外，日本出版的有关人工鱼礁的著作也最多[24]。

韩国政府也非常重视人工鱼礁的投入，自 1973 年起先后投入了约 6700 亿韩元（折合人民币约 40 亿元），建立人工鱼礁区达 14 万 hm^2。亚洲的其他国家如马来西亚、泰国、菲律宾等投入的资金不多，投礁数量也少，它们大部分是投放废旧船、废轮胎等作鱼礁。澳大利亚认识到人工鱼礁会改善环境，于是在一些海域投放了几艘废旧船和几万个废轮胎，并从1974年开始，在悉尼以南约30 km的波特赫金近海投放了70万个废轮胎。然而，欧洲国家认为只要投置一些废旧船和废轮胎就能奏效，很少投放混凝土鱼礁。据调查研究发现，最好的人工鱼礁是石油平台，其体积大、空间大、礁体高，且集鱼效果好。

我国大陆人工鱼礁投放试验开展得较晚，于20世纪70年代末开始投放，鱼礁数量少、规模小，始于由曾呈奎先生提出了“海洋农牧化”的设想。20世纪80年代，我国提出开发建设海洋牧场的设想，并逐步进入试验化阶段。随着经济发展和技术引进，我国海洋牧场及人工鱼礁自主产权增多，投资加大，现今在广东、浙江、江苏、山东、辽宁等地取得了较好的成果。人工鱼礁的兴起，为海洋牧场的建设提供了基础条件，正是由于大量投放人工鱼礁，进行增殖放流，逐步规划布局，加强基础设施建设，加深生物学技术和现代海洋工程技术的开发应用，才能初现海洋牧场模型，对其进行规模化的发展开发。

三、栖息地退化、物种减少

2015年，美国佐治亚大学的詹娜·詹姆贝克等在美国《科学》杂志上发表了一篇关于海洋环境的报告，其研究的分析对象是约190个沿海的国家和地区，根据这些地方在2010年距海岸线50 km以内的人口密度、年人均废弃物数量、废弃物中塑料垃圾比例、塑料垃圾处理不当的比例等数据，计算出每年进入海洋的塑料垃圾量。结果表明，这些沿海国家和地区在2010年共产生2.75亿t塑料垃圾，估计其中约有800万t进入海洋，排名前20位的国家共制造了83%的塑料垃圾，大部分属于发展中国家，其中中国是最大的塑料垃圾倾倒源，排放量占了总量的近1/3，唯一上榜的发达国家美国，其人均每日制造垃圾量是中国的两倍多，但因其拥有相对有效的垃圾处理系统，使得其排放量远低于中国[25]。

美国环境保护署发现化学污染与很多鱼类和海洋哺乳生物的突然死亡、患病、畸形均有联系，监测发现海洋农场使用了大量化肥，虽然每个有机体都需要营养，但是营养过剩造成海藻的爆炸性增长，其死后沉到海底，分解过程会耗用大量海底生命系统依赖的氧气；同时海藻增生还会产生毒素杀死鱼类，并危害食用鱼肉的人类的健康，甚至出现“死亡水域”[26]。每年从密西西比河流入墨西哥河口的大量营养物质会在离岸水域形成季节性的“死亡水域”，而世界最大的“死亡水域”在波罗的海，面积相当于美国加利福尼亚州的面积，2004～2013年，全球“死亡水域”的数量从146处增加到了600处[26]。

2015年我国在管辖海域开展了冬季、春季、夏季和秋季4个航次的海水质量监测，设置约1100个监测站点，船舶监测约9200艘次，获得监测数据约200万个。我国海水中无机氮、活性磷酸盐、石油类和化学需氧量等要素的综合评价结果显示，近岸局部海域海水环境污染依然严重，近岸以外海域海水质量良好，污染海域主要分布在辽东湾、渤海湾、莱州湾、江苏沿岸、长江口、杭州湾、浙江沿岸、珠江口等近岸海域，主要污染要素为无机氮、活性磷酸盐和石油类，造成海域富营养化的程度不同（表1-4），总体海域富营养化面积随着春夏秋冬逐步增加（图1-5），南海富营养化面积在春季最大，东海则出现在秋季。2011～2015年监测结果显示，“十二五”期间，我国海洋环境质量总体基本稳定，污染主要集中在近岸局部海域，典型海洋生态系统多处于亚健康状态，局部海域赤潮仍处于高发期，绿潮影响范围有所扩大[27]。

表1-4　2015年我国管辖海域富营养化海域面积[27]　（单位：km^2）

海区	季节	轻度富营养化海域面积	中度富营养化海域面积	重度富营养化海域面积	合计
渤海	春季	7 450	3 210	650	11 310
	夏季	7 720	2 310	510	10 540
	秋季	13 130	6 180	1 320	20 630
	冬季	16 610	3 530	970	21 110
黄海	春季	8 000	3 690	480	12 170
	夏季	12 850	4 880	1 150	18 880
	秋季	13 120	9 700	2 370	25 190
	冬季	10 560	4 300	130	14 990
东海	春季	13 650	10 460	14 780	38 890
	夏季	12 870	12 150	16 340	41 360
	秋季	17 840	19 750	16 720	54 310
	冬季	34 810	22 830	19 860	77 500
南海	春季	3 730	1 310	1 700	6 740

续表

海区	季节	轻度富营养化海域面积	中度富营养化海域面积	重度富营养化海域面积	合计
南海	夏季	2 950	1 830	2 190	6 970
	秋季	3 720	3 610	2 450	9 780
	冬季	3 920	1 600	1 250	6 770
全海域	春季	32 830	18 670	17 610	69 110
	夏季	36 390	21 170	20 190	77 750
	秋季	47 810	39 240	22 860	109 910
	冬季	65 900	32 260	22 210	120 370

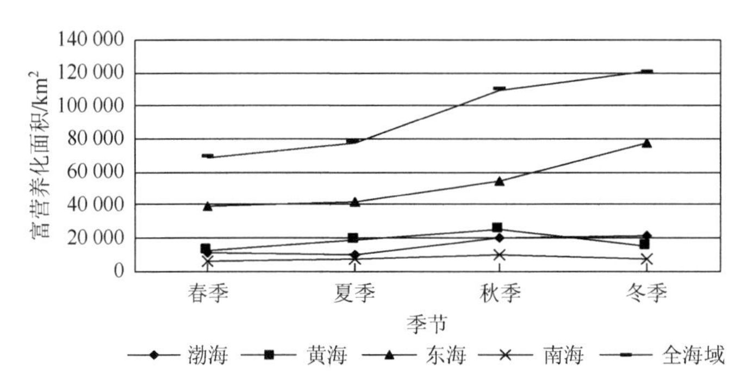

图 1-5　2015 年我国管辖海域富营养化海域面积季节变化趋势

2015 年我国海洋生物多样性监测结果发现浮游生物和底栖生物物种数从北向南呈增加趋势，实施监测的河口、海湾、滩涂湿地、珊瑚礁、红树林和海草场等海洋生态系统中，处于健康、亚健康和不健康状态的海洋生态系统分别占 14%、76%和10%。《2015 年中国海洋环境状况公报》显示：我国海洋珊瑚礁生态系统均呈亚健康状态，2011～2015 年监测发现，海洋珊瑚礁生态系统呈现较为明显的退化趋势，造礁珊瑚盖度维持在较低水平并不断下降，由 2011 年的 20.5%下降为 2015 年的 16.8%；硬珊瑚补充量较低，5 年来均低于 0.5 个/m^2，特别是海南东海岸造礁珊瑚种类由 2011 年的 52 种下降为 2015 年的 36 种；我国 80%的河口海域呈现富营养化状态，浮游植物密度偏高，生物体内重金属（汞、镉、砷）含量较高，河口生态系统处于亚健康状态[27]。

总部设在瑞士格朗的世界自然基金会 2015 年发布的《蓝色地球生命力》报告称，受过度捕捞、栖息地受破坏、气候变化等因素影响，全球海洋物种的种群数量在过去 40 年中减少过半。这份报告分析了 1970～2012 年包括海洋哺乳动物、爬行动物、鸟类和鱼类在内的 1234 个物种的 5829 个种群，研究指出一些物种遭遇的数量锐减甚至接近 75%[28]。2014 年中美联合研究小组对中国政府档案记录的 50 年数据进行分析，在美国刊物《科学美国人》上发表文章——《沿海的中国人在增加，海里的鱼在减少》，文章中称发现中国沿海海洋生态系统自 1978 年以后逐渐退化，1978 年以前，中国鱼类的多样性和规模是稳定的，但自从开始实施改革开放，海洋生物多样性逐渐降低，中国南部海域的珊瑚覆盖率骤降至 1978 年以前水平的 15%，而赤潮的发生次数从 1980 年以前的每年 10 次左右增至每年 70～120 次[29]。海洋生物栖息地退化，造成生物多样性降低，物种减少，改善其生存之地成了亟待解决的问题。建设海洋牧场能有效地改善生物栖息地，修复生态环境，丰富物种种类，优质的生物栖息地能带动生物繁殖，形成独特的生物场、庇护场、饵料场，实现物种资源的大幅度增加。

四、生态环境破坏、资源短缺

随着工业革命的发展，生态环境污染日益严重，海洋生态环境（尤其是近海、浅海的生态环境）恶化，有些海湾和河口频繁发生赤潮等灾害事件。随着现代科学技术陆续地被应用到渔业领域，海洋捕捞力度明显增强，特别是沿海大陆架的底拖网作业，对海底生态环境的破坏极其严重，20 世纪 70 年代海洋资源捕捞过度问题加剧，1982 年制定《联合国海洋法公约》规定一国对距其海岸线 200 海里①的海域拥有经济专属权，远洋捕捞受限，随之出现世界性的渔业资源衰退。印度洋板块的波斯湾区域资源丰富，开采石油、设置港口、开发旅游、渔业捕捞等活动对其海域已经造成严重的污染及破坏，形成了亟待解决的生态问题[30]。

由于现代经济发展迅速，城市垃圾不断增多，旧汽车、旧轮胎、废弃门窗等堆积如山，沿海被淘汰的废旧船只充斥港口，占据的空间越来越大。有些发达的海洋国家每年都不惜投入大笔资金对这些废弃物进行处理。据英国克拉克松研究公司统计，2012 年前三季度全球拆船量约为 4329 万载重吨（900 艘），超过 1985 年顶峰时期创下的 4257 万载重吨纪录。据统计，2015 年，国内会员拆船企业成交国内外各类废船共 163 万轻吨（约合 684 万载重吨），其中，成交国内废船

---

① 1 海里=1.852 km。

91 万轻吨，拆船物资库存严重积压，约 10 亿元人民币以上的资金被占用[31]。2016 年 6 月，我国汽车保有量已经突破了 1.84 亿辆，同比增长 13%，汽车保有量绝对体量已位列全球第二，2007～2015 年复合增长率高达 14.8%，发达国家的汽车报废率（报废量/保有量）平均为 6%。日本近几年汽车保有量都维持在 7500 万辆左右，汽车当年报废量达 550 万辆，回收比率为 7.17%；2010 年，我国汽车报废量达到 270 万辆，2014 年，淘汰黄标车和老旧车 700 万辆，近年来，报废量增速保持在 10%以上[32]。

飞机、轮船、军舰、汽车、轮胎等废弃物不仅占用陆地面积，而且存放积压耗费资金，随着经济快速发展，废弃物资剧增，急需资源再利用，将以上废弃物制作成人工鱼礁，不但缓解了社会压力，为建设海洋牧场节约成本资金，还能处理大量陆地垃圾，带来巨大经济效益、社会效益。因此，废物资源化已逐渐成为社会发展的一个趋向。建设海洋牧场、投放人工鱼礁也是资源再利用的一个行之有效的方案。

21 世纪是海洋经济的时代，海洋作为人类生命的起源地，其无法探知的神秘感，一直对人类有着非常强大的吸引力，这使它非常适合作为以探奇求知、探新求异为主要动机的旅游活动的开发，因此海洋旅游受到了越来越多人的喜爱。但由于开发不当，人类可到达的近海区域受到了极大的破坏；另外，海洋中丰富的鱼类、藻类资源，为人类提供了食物，但因过度捕捞，鱼类、藻类等资源数量迅速减少，海洋生态环境也随之衰退。目前我国常用的养殖方式是网箱养殖、滩涂围网养殖等，养殖模式更加多样且规模不断扩大，促进了我国渔业经济的发展，是广大渔民创收、增收的重要手段。但近岸海域开发不合理，缺乏统一规划管理，并且养殖区域多在浅海或海湾区域，多数水域水浅流缓，水体交换能力差，加之片面追求高产，养殖密度大，过度投放饵料，使水体富营养化，导致自身污染严重、水质下降，造成养殖对象病害增多、赤潮频发，甚至出现了水产经济动植物大规模死亡等严重生态问题，严重影响了养殖业的可持续发展；此外，由于养殖的鱼类活动范围小，缺乏运动，养殖鱼类肉质劣化，降低了其营养价值[20]。粮食库存减少，粮食总产量的增长速度降低，然而粮食的消耗速率增长，同时随着中国人口增加，耕地面积减少，水资源短缺，造成粮食资源紧张，粮食价格上涨。因此不论从国家层面还是实践层面，急需行之有效的解决途径缓解目前严峻的情势，一些渔业发达的国家和地区，开始了人工鱼礁生息场造成技术、水产生物行为控制技术及环境监控技术的研究和开发，以求建立可持续供给高品质水产品的增养殖业。从当今国外的研究成果及趋势来看，这种增养殖业的成功形式之一就是建设海洋牧场，这是解决海洋生态环境和恢复海洋渔业资源行之有效的措施。

五、政府政策的大力支持

海洋牧场的建设是保护和增殖渔业资源，修复水域生态环境的重要手段。海洋牧场建设在基于经济基础的同时，也需要政府政策的大力支持。从海洋牧场的起源及发展来看，日本、韩国、美国及其他国家的海洋牧场建设正是由于政府的支持才得到了快速发展。日本政府初期专门成立了栽培渔业协会，制定栽培渔业发展规划，2003 年将其并入日本水产综合研究中心，专司海洋牧场相关的项目管理和技术方面的研究、评价和实施工作；日本还成立了由产、学、政（府）参与的研究开发组织——21 世纪海洋论坛（Marine Forums 21），专门研究开发渔业资源增殖技术、探索海洋牧场建设；日本政府将海洋牧场建设纳入国家政策，以此促进其研究开发。韩国将海洋牧场建设列入国家规划，从宏观政策上支持海洋牧场的建设发展。2007 年韩国国立水产科学院成立了海洋牧场管理与发展中心，负责海洋牧场项目实施及其建设、管理、评估等各方面的工作；韩国政府颁布的《养殖渔业育成法》中，提出了海洋牧场建设及管理法则，制定了人工鱼礁设置、海洋牧场建设、苗种放流等各方面详细的规定；根据韩国《水产资源管理法》组织成立了水产资源政府机关，其职能包括人工鱼礁及海藻等各方面的养护、水产资源有关技术的开发、环境及生态效果的评估等方面。1871 年美国俄亥俄州政府成立了鲑鱼孵化基地，随后成立了海洋鱼类孵化养殖基地基金会，鼓励发展海洋水产养殖技术，推进海洋牧场建设；美国国会通过的《国家渔业增殖提案》中规定商务部编制人工鱼礁建设规划方案，促进了人工鱼礁技术开发。西班牙政府设立海洋禁渔区，防止底拖网渔船在人工鱼礁区域作业捕捞，鼓励投放人工鱼礁，改善海洋环境，大力发展海洋牧场。

中国政府十分重视海洋牧场的开发建设，《中国 21 世纪议程》中明确提出了建设海洋强国的战略任务，指出要重点强化海洋生物资源管理，最终实现海洋渔业资源的保护和可持续利用；完善海洋生物资源保护法规体系，维护海洋生物多样性；加强国际合作和区域合作，维护海洋生态系统的良好状态，形成养护、研究和管理的国际合作机制。根据《中国水生生物资源养护行动纲要》提出的“建立海洋牧场示范区”的部署安排，2007 年中央财政对海洋牧场建设项目予以专项支持。目前全国海洋牧场建设已形成一定的规模，生态效益、经济效益和社会效益日益显著。但同时，我国海洋牧场建设也存在引导投入不足、整体规模偏小、基础研究薄弱、管理体制不健全等问题，与国外先进水平相比，还存在很大差距。2013 年，《国务院关于促进海洋渔业持续健康发展的若干意见》中明确要求“发展海洋牧场，加强人工鱼礁投放”。为贯彻国家关于海洋牧场的部署安排，进一步加强海洋牧场建设，政府组织开展国家级海洋牧场示范区的创建活动[33]。同年提出“一带一路”倡议，建设 21 世纪海上丝绸之路，发展海洋经济。2015 年，中国共产党第十八届中央委员会第五次全体会议通过的《中共中央关于制定国民经济和社会发展第十三个五年规划的建议》明确指出：“拓展蓝色经济空间。坚持陆海统筹，壮大海洋经济，科学开发海洋资源，保护海洋生态环境，维护我国海洋权益，建设海洋强国。要坚持保护优先、自然恢复为主，构建生态廊道和生物多样性保护网络，全面提升森林、河湖、湿地、草原、海洋等自然生态系统稳定性和生态服务功能。”2017 年 5 月，农业部渔业渔政管理局为加强对国家级海洋牧场示范区和油补调整资金支持人工鱼礁项目的管理，组织起草了《国家级海洋牧场示范区管理办法（征求意见稿）》和《油补调整资金支持人工鱼礁建设项目管理办法（征求意见稿）》，目前正处于意见征集阶段。2002 年至 2017 年 5 月，全国已经投入海洋牧场建设资金 55.8 亿元，其中有政府引导投入，也有地方和企业的投资，产生了明显的生态效益、经济效益和社会效益。自 2015 年以来，农业部组织开展了国家级海洋牧场示范区创建工作，计划通过 5 年左右的时间，在全国沿海创建一批区域代表性强、公益性功能突出的国家级海洋牧场示范区。目前已创建了两批共 42 个国家级海洋牧场示范区。

六、科学技术快速发展

科学技术是第一生产力，当今综合国力的竞争很大程度上取决于科学技术的发展水平，克隆、转基因等技术发展迅速，美国等利用转基因技术，改变鱼类习性使其有利于人类的控制；日本等进行鱼类驯化培育，利用音响驯化等技术规范化管理鱼类，将高质量、高精度的监测设备置于人工鱼礁区域，观察鱼类生活。建设海洋牧场需要依靠大型人工孵化厂，采用先进的鱼群控制技术，大规模投放人工鱼礁，对海洋生物进行全自动投喂。研究人员将先进的科学技术应用于海洋牧场建设中，使其逐步走向科技化，为海洋牧场的快速发展提供了技术支持。先进科学技术之下的海洋牧场，能有效快速地进行选址、建设，进行生态环境预测，有效调整发展方向，同时实行远程监控，节省物力、人力，建设高科技智慧海洋牧场，智能化管理、运营，从而带动科技进步和海洋牧场的快速发展。

七、海洋旅游业迅猛发展

21 世纪服务产业迅速崛起，2010 年全球海洋旅游业总收入约 2500 亿美元，占全球旅游业总收入的 1/2，全球 40 个知名旅游目的地中有 37 个是沿海国家或地区，这 37 个沿海国家或地区的旅游总收入占全球旅游总收入的 81%。各国支持旅游业的发展，海洋旅游吸引了大量游客，“回归大自然”成了都市人群向往的生活方式。海洋旅游经历了三个发展阶段：治病疗养阶段、疗养娱乐阶段、娱乐度假阶段。康体、娱乐成为现代海洋旅游消费者的主要需求，海上生态观光旅游、游钓等体验活动成为热门项目。如马尔代夫、夏威夷、加勒比海等每年吸引大批的游客进行海洋旅游。海洋旅游产品正逐步向多元化发展，将由传统的阳光、沙滩、海水等单一产品逐步扩展出高尔夫、滑水、摩托艇、海底观光等项目，形成滨海、海面、空中、海底立体式的海洋度假旅游产品系列。可持续发展观念的引入是海洋旅游生态化发展的一大动因，越来越多的人开始意识到生态环境是海洋旅游乃至整个旅游业发展的重要根基。环境、设施、服务将被视为海洋旅游产品整体框架中重要的部分，海洋旅游产品的生态含量也将越来越高。海洋牧场的建设，能改善海域生态环境，同时诱集鱼群，使垂钓、海底潜水猎奇等活动都增色不少。将人工鱼礁建设和旅游结合起来，给海洋牧场建设提供了长远的发展方向。

第四节 海洋牧场的建设内容、功能与分类

一、海洋牧场的建设内容

海洋牧场建设工作环节众多繁杂，学者杨红生在研究中指出了海洋牧场的六大核心工作：绩效评估、动物行为管理、繁育驯化、生境修复、饵料增殖和系统管理[34]。王亚民和郭冬青认为海洋牧场建设设计主要包括以下区域海洋牧场要素[35]：①海中人工鱼礁区。投放人工鱼礁，制造优质“人工”海洋渔场。②近岸

海草场和红树林区。养护和恢复海草场，形成特有生态系统，为幼苗提供栖息地。③海底海藻床区。栽培海带、紫菜等海洋大型藻类，营造海底“森林”区，作为海洋鱼类的索饵场和庇护场。④成鱼放养、育肥和底播区。人工增殖放流鱼、虾、贝类等生物，为成鱼提供充足的食物。⑤海洋生物繁殖和苗种培育区。为海洋牧场提供苗种。⑥娱乐休闲区。在海洋牧场非核心区建设娱乐设施，提高海洋牧场附加价值，增加经济利益。⑦环境监测系统。建设预警预报系统，观测海洋环境变化，预防系统崩溃或灾害发生。⑧防逃和控制系统。利用声控或温控等技术，吸引海洋生物滞留。⑨海洋牧场执法能力。建立海洋牧场管理机构与队伍，利用合理执法手段，维护海洋牧场秩序。⑩海洋牧场分级管理制度。建设国家、省、市（县）三级海洋牧场，进行评估升级管理。陈力群等认为海洋牧场的建设主要有 5 个过程[36]：①生境建设。主要通过滩涂改造、人工鱼礁投放等措施，为海洋生物提供良好的生存环境。②目标生物的培育和驯化。运用生物技术，建立苗种驯养场，实现苗种的规模繁殖、优化选择、习性驯化和计划放养。③监测能力建设。应发展完善的生态环境质量和生物资源状况的监测体系。④管理能力建设。必须开展海洋牧场运营管理体系的研究与建设。⑤配套技术建设。包括工程技术、鱼类选种培育技术、环境改善修复技术和渔业资源管理技术的建设。

综上可知，海洋牧场建设内容主要包括三个方面：①前期准备。主要包括海洋牧场选址、环境检测评估、牧场建设类型分析、资金投入分配、团队选取等前期准备环节及工作。②建设期间。主要包括人工鱼礁建造、鱼礁投放（地址评估、选取、投放技术）、海藻区域建设、娱乐区域划分、苗种培育及放流、生物驯化及控制、生境改造、环境监测、基础设施建设等详细环节建造及技术开发过程。③管理。主要包括专业团队组建及分配、部门监控、维护修复、发展环境评估、资金效益分析、生态系统监控、生境变化预测调整等管理体系的建构。

二、海洋牧场的功能

1. 净化水质、提高海洋碳汇能力，改善生态环境

海洋牧场将对海域非生物环境产生巨大影响，人工鱼礁类型、形状、材质等方面的选取与设置都是经过实地调查与评估得出的，投放地点也是经过实地测量及空间分析得出的。人工鱼礁会对周围水域流速、浪高、形态等产生直接影响。

人工鱼礁形状、大小及内部构造的不同，产生的影响程度也大不相同。如海洋牧场水域流速的变化，流速较快区域的海底底质变粗，冲击的细沙土在流速慢的区域堆积，产生“冲淤”现象，因此海洋牧场建设后会显著影响海底地形，改变海底生物的栖息环境。

在海洋牧场中投放人工鱼礁时，营养盐上下翻动，给附着的动物、浮游植物和藻类带来良好的生长环境。藻类繁殖过程中，可吸收海水中含氮、磷、硅等营养元素的物质，保持氮磷比的平衡。同时，也可以净化海域水质，改善海洋生态环境，降低海水富营养化的程度和赤潮等灾害的发生频率。人工鱼礁上可附着多种微生物及碎屑，利于分解微生物的繁殖，加快海洋中动植物尸体的降解，加快生态系统的循环。

海洋牧场还能净化空气。目前全球正处于气候变暖的趋势之下，海洋呈酸化趋势。海洋牧场具有较强的碳汇能力，特别是贝类的养殖，贝类是近海生态系统中物质流和能量流的驱动者，它通过强烈的滤食活动，大量摄食海水中的有机碳，有效控制浮游植物生物量，加速其再生速率，从而促进了海水无机碳向有机碳的固定并移除海洋中碳的含量，具有强大的碳汇潜力，形成一个“可移动的碳汇”[37]。如山东省1.5万hm^2人工鱼礁区每年可通过藻类、贝类增殖等方式吸收大气和海洋中的碳约38.4万t，相当于减排CO_2 140.8万t[38]。同时海洋牧场能吸收SO_2、H_2S等有害气体。可见，建立海洋牧场就是建设海底森林，可以起到调节气候，净化空气的作用。

2. 资源保护、修复渔业资源，改善捕捞质量

人类无节制的捕捞，造成了海洋渔业资源的枯竭和衰退。同时海洋环境污染日趋严重。石油污染、肆意排放污水、生活垃圾及海上废弃的捕捞工具等到处充斥在海洋的各个角落中，加快了资源枯竭速度。环境污染导致一系列的病害、灾害频繁发生，海产品安全问题也随之而来。而海洋牧场能为海洋中鱼、虾等水生生物提供聚集、索饵、繁殖、避难等栖息场所，同时还能有效阻止旧时的底拖网捕捞作业和狂捕滥捞行为，对海洋资源起到修复、保护的作用。

海洋牧场海域的物理环境变化会带动生态环境的变化，人工鱼礁投放到海洋后，会逐渐改变海洋牧场周围海域的流、光、声、底质等非生物环境。基于此变化，又会引起生态环境的改变，导致牧场中生物量明显增多。当海流遇到人工鱼礁向上运动时，海底营养物质流向表层，引起浮游生物繁殖从而为海洋牧场中各等级生物提供丰富的饵料。此外，在不规则地形处产生的涡流，使得溶解氧含量

增加、饵料丰富，成为鱼虾类良好的饵料场所[39]，会呈现出明显的集鱼效果，使海洋牧场中生物的多样性发生明显变化，可在一定程度上提高海洋捕捞质量，增加渔业产量，填补陆地粮食的短缺，建设成沿海地区的蓝色粮仓。

3. 促进海洋深层次的开发，提升社会效益

随着人们生活水平的不断提高和经济的快速发展，大量废弃旧车、轮胎、渔船、游艇及门窗被淘汰，社会垃圾堆积。海洋牧场的建设及人工鱼礁的投放为废弃物的处理提供了有效的解决方案。通过废物再利用，发展循环经济，将带来巨大的社会效益。资源增殖型海洋牧场能为人类提供优质、天然的海产品，满足人们日益增长的物质需求；有效促进渔业行业可持续发展，同时还可以带动当地餐饮、交通运输等相关行业的共同发展，增加社会就业岗位，解决社会劳动力剩余问题，提高经济效益；有利于渔业产业结构的调整，鼓励促进渔民转产、转业，从事资源保护与增养殖、管理及合理开发等工作；解决渔民生活问题，维护渔区的稳定；降低建设成本，充分发挥废旧物资的剩余价值，使社会废弃资源得到循环利用；同时促进休闲旅游业建设，发展第三产业；增殖渔业资源，增加近海可捕捞量，推动水产业整体健康可持续发展，实现海洋渔业资源的修复和海洋生态环境保护；普及海洋知识，提高保护海洋意识，促进海洋文化发展[40]。建设海洋牧场的长远目标是：在开发近海资源成熟之际，逐步向远洋深海渔业发展。海洋是神秘未知的，存在许多的秘密，以海洋牧场的建设为踏板，探索未知，逐步扩大研究范围，加强深层次的开发，将会进一步提升人们对海洋的认识。

4. 带动沿岸经济发展，促进渔民就业结构转型

根据日本北海道大学佐藤修博士的论证，1 m^3 人工鱼礁渔场比未投礁的一般渔场，平均每年增加 10 kg 渔获量。根据国内外的一些报道和评论，人工鱼礁礁体的有效期一般为 20 年左右，通过与旅游相结合，将产生可观的附加价值[41]。海水养殖业作为对海洋捕捞的一个补充，近年来得到了快速的发展。同时，作为解决渔民转产、转业问题的突破口，成为农村脱贫致富奔小康的重要途径，海水养殖业在改变农业种养结构方面也起着极为重要的作用。据有关资料显示，目前从事渔业的增加的 1000 多万劳动力中，有 70%以上从事水产养殖业[20]。因而建设海洋牧场在获取生态效益的同时，将会拉动经济发展，给当地带来巨大的经济

效益。以人工鱼礁为主的海洋牧场建设还可以改变渔民的生产生活方式，让渔民从过去简单的捕捞销售到开展体验式的捕捞、海钓、潜捕、渔业观光等项目，拉长渔业产业链，增加就业，提高收入，促进当地渔民的转产转业。

5. 宣示国家主权、保护领土完整

各沿海国家的领土除了陆地外，还包括海洋，但很多国家对所辖海域面积仍存有诸多争端。中国是海洋大国，海域辽阔，海岸线跨域大，同周边韩国、日本、菲律宾、越南等存在海洋纠纷，远离陆地的海上岛屿人迹活动稀少，存在被他国侵犯的潜在威胁。通过在我国无人海岛周围海域建设海洋牧场，进行资源开发，是目前维护海洋主权的一种有效形式，这可在一定程度上改善不利的局面，打破周边国家的威胁现状。通过建设海洋牧场，实现海域开发，向国际宣示领土主权及实际的行政管辖权，是实施中国“海洋强国”战略及“一带一路”倡议的重要举措。

三、海洋牧场的分类

由于选择分类指标的不同，海洋牧场具有不同的分类。根据文献搜索和综合，结合海洋牧场结构和人工鱼礁类型及材质（图 1-6），将海洋牧场分类汇总如下。

图 1-6　海洋牧场人工鱼礁类型示意图[42]

1）按海洋牧场人工鱼礁材料可分为：混凝土钢铁鱼礁牧场、钢铁鱼礁牧场、玻璃钢鱼礁牧场、竹制鱼礁牧场、木制鱼礁牧场和废弃物（旧轮胎、沉船等）鱼礁牧场等，不同材料的人工鱼礁使用年限不同（表 1-5）。

表 1-5　不同材料的人工鱼礁的使用年限

人工鱼礁	主要成分	预计可使用年限
混凝土钢铁鱼礁	混凝土 94%～99%、钢筋 1%～6%	＞30 年
钢铁鱼礁	钢材（钢管、工字钢）	20～30 年
玻璃钢鱼礁	玻璃纤维	＞30 年
旧轮胎鱼礁	橡胶	＞30 年
木制、竹制鱼礁	木材	2～3 年
沉船鱼礁	钢铁	5～10 年
人工鱼礁	主要成分	预计可使用年限
工程塑料鱼礁	聚乙烯	＞30 年
石料鱼礁	石材（硅酸盐）	＞30 年

2）按海洋牧场人工鱼礁形状结构可分为：三角形鱼礁牧场、方形鱼礁牧场、十字形鱼礁牧场、圆台形鱼礁牧场、框架式鱼礁牧场、梯形鱼礁牧场、船形鱼礁牧场等。

3）按人工鱼礁区设置目的可分为：休闲生态型海洋牧场、资源增殖型海洋牧场和资源保护型海洋牧场（也称为开放型海洋牧场、准生态型海洋牧场和生态型海洋牧场）。

4）按主要功能分类[43]：①增养殖型海洋牧场。此类牧场以渔业生产或海珍品、鱼类的苗种养殖、繁育为主要目的，增养殖品种多样，技术水平和复杂程度各异。②生态修复和保护型海洋牧场。此类牧场以大型海藻床的营建、人工鱼礁的投放和渔业苗种的增殖放流为手段，以渔业资源、海域生态环境修复或珍稀濒危物种保护为主要目的。③休闲观光型海洋牧场。此类牧场随着休闲渔业的兴起而出现，以休闲观光为主要功能，是海洋牧场建设的一种衍生形式。④综合型海洋牧场。此类牧场一般兼具多项功能，可集“育、养、娱”为一体，常见的是在增养殖型海洋牧场中开发休闲垂钓功能，或在生态修复和保护型海洋牧场中开发休闲观光功能和鱼类增养殖功能。

5）按主要增殖对象分类：金枪鱼海洋牧场、鲑鳟鱼海洋牧场、海珍品海洋牧场及滩涂贝类海洋牧场等。

6）按海域分类：沿岸（近岸）海洋牧场、大洋海洋牧场。

基于基础设施建设、区位资源优势、海洋牧场的运营方式及盈利状况来看，目前社会资本更倾向于投资以海珍品为主的增养殖型海洋牧场和休闲观光型海洋牧场。第三产业迅速崛起，旅游业迅速发展，休闲观光型海洋牧场的建设得到社会各界的关注。特别是近岸孤岛周边海洋牧场的开发，在海洋旅游资源丰富的地区建设海洋牧场，开发海钓、潜水、游艇等海洋活动，将会吸引世界各地游客前来观光游玩。

第五节　海洋牧场与传统海洋渔业的差别

一、目标不同

传统海洋渔业主要是“靠天吃饭”，过于依赖自然环境，追求的是经济利益。在渔业发展过程中，传统渔业养殖模式曾对我国水产品产量的快速增长起了重大作用，但随着人们消费水平和环保意识的增强，传统渔业养殖模式的弊端逐渐显现出来。传统渔业养殖模式多数以消耗资源、牺牲环境为代价，以获取短期最大化的利益。这种模式虽然在短期能获取巨大的经济效益，但随着养殖年限的增加，会出现养殖区老化、海水污染、放养密度过大、养殖质量下降等问题，逐步出现无法养殖的现象。随着技术发展，逐步发展起了网箱养殖，该模式下的养殖仍然追求短期利润最大化，存在密度过大、肥料污染、药物污染、物种抗药性等问题，海洋渔业养殖药物灾害频发，中国传统海洋渔业养殖基础设施较差，科技含量低，传统海洋渔业养殖技术有待提高。

海洋牧场是一种新型生态渔业，不同于传统海洋渔业，它是指在某一海域内，采用一整套规模化的渔业设施和系统化的管理体制（如建设大型人工孵化厂、大规模投放人工鱼礁、全自动投喂饲料装置、先进的鱼群控制技术等），利用自然的海洋生态环境与人工改造的环境，将人工放流的经济海洋生物聚集起来，修复生态系统，进行有计划有目的的海上放养，建设大型人工渔场，发展海洋特色项目。建设海洋牧场，首先是为了实现生态效益，其次才是追求经济效益，同时产生巨大的社会效益。日本栽培渔业、韩国资源培养型渔业、美国人工栖所及中国海洋牧场等的建设与发展都注重生境的修复和重建，同时更加注重海洋牧场建设前期、中期、后期的资源管理、评估调查与维护；并且海洋牧场建设是分为公益性质和企业性质的，前期投资大，收益周期长，后期经济价值大，而传统海洋渔业多为私人养殖，投资低、收益快，但负面影响大。海洋牧场走的是绿色、无污染、可持续发展的道路，是未来海洋渔业发展的重要趋势，是一种新型的渔业生产方式。海洋牧场最初是为了改善被破坏的生态环境，人为建造的供海洋动植物生存的场所，进行"无遮拦的放养"，并投放礁石、放流苗种，以实现集聚鱼群的效果，构造栖息之地。一些国家投放人工鱼礁是为了阻止渔民进行底拖网式的捕鱼作业，归根结底是为了保护鱼类。海洋牧场在改善生态环境、修复生态系统的基础上，实现鱼类增殖，带来了巨大的经济效益。利用废弃车辆、军舰、轮胎等制作人工鱼礁，节约建设成本，实现资源的再利用，带来不可估量的生态效益；建设海洋牧场，可带动相关行业发展，如旅游业、餐饮业等，经济效益不可估量，而且拉动地区经济的同时，促进了渔民转产、转业，带来巨大的社会效益。传统海洋渔业是人对自然的掠夺，而海洋牧场是人与自然的和谐相处，互帮互助，共同发展。

二、技术方法不同

传统海洋渔业养殖主要包括底播养殖、浅海养殖（筏式、网箱）、工厂化养殖及滩涂养殖等。滩涂低坝高网养殖属于传统渔业养殖方式，其养殖场内水位浅，容易造成泥沙淤积，水体环境恶化，发病率高，清塘除害的工作量大且繁琐；海洋牧场养殖场内不存在沟渠，不易引发病疫，海洋牧场养殖在深水区，非滩涂，养殖区与外海实时进行水体交换，水环境不易恶化。低坝是指堆砌于滩涂的土坝、石砌坝等，固定桩（网桩）由木桩或钢筋混凝土桩制成插于坝中，因此，滩涂低坝高网养殖模式的抗风浪能力差；海洋牧场养殖中采用两排桩通过纵横梁连成整体，桩入土较深甚至以基岩作为持力层，并且有下部块石混凝土围护，抗风浪能力强。与网箱养殖相比，海洋牧场具有规模大、养殖密度低、饵料系数低、对环境影响小和抗风浪能力强等显著特点。海洋牧场利用海域特有的地理区位优势、良好的地理生态环境及丰富的天然饵料，通过建设栅栏式堤，形成增养殖区，采用鱼类、贝类、藻类混养的方式，有利于保持生态平衡；以海洋牧场项目建设为中心，进而可以扩展为集渔业养殖、风力和光伏发电、商务活动、度假旅游与娱乐休闲，以及科研等为一体的综合基地；形成了一种大投入、大产出和可持续发展的海洋保护性开发新模式，基本可以做到废物零排放[44]。

传统海洋渔业养殖随着年限的增长，产业整体质量下降，养殖产品生长缓慢、肉质变差。近年来，高科技逐步应用到传统海洋渔业养殖中，例如，人工繁殖技术，优良苗种选取技术，以及与摄食方式、营养分配、基因疫苗等有关的技术均被迅速地引进到传统海洋渔业养殖中。海洋牧场是一个体系，包含众多的内容、繁杂的技术，有生息场建设技术、苗种培育技术、增殖放流技术、行为驯化控制技术、环境监控预警技术、生态调控技术、适度采捕技术、牧场管理技术等。同时海洋牧场还有许多细节内容，如地理位置选取、鱼礁类型选择、苗种种类挑选、礁体投放、环境评估、音响驯化等；建设海洋牧场需考虑的因素众多，涉及繁杂的科学技术（海洋工程技术、海洋生物技术、海洋环境保护技术、海洋环境模拟技术、海洋生态系统工程技术）和方法；关于海洋牧场的专利技术众多，并与物联网、云计算、大数据、数据挖掘等结合，发展智慧海洋牧场。随着科学技术的快速发展，传统海洋渔业养殖将逐步向海洋牧场方向迈进。

传统海洋渔业养殖虽然也在逐渐进步，但是它从建设开发到收益的过程较为简单，特别是个体经营，较为简陋，涉及的技术简单，基础设施薄弱，投资力度小，引进技术推广慢，无节制的开发利用，导致环境破坏严重。而中国海洋牧场发展处于起步阶段，多为政府资助、企业参与的方式，投资力度大，技术较为先进，带动关联行业（如旅游业、苗种培育、人工鱼礁制造等）的发展，同时政府支持力度大，科研参与项目多，有利于未来的快速发展。由此可见，海洋牧场是传统海洋渔业养殖的未来发展趋势。

三、资源利用与管理不同

海洋牧场主要依靠苗种放流、人工鱼礁投放来建造海洋生物栖息地，在原有的海洋资源基础上，充分利用投放资源。人工鱼礁是人为在海中投放的构造物，入海后礁体周围逐渐生长海藻，通过改善海域生态环境，诱集增殖各类海洋生物。这里成为鱼类等海洋生物繁殖、生长、索饵和避敌的最佳场所。藻类通过光合作用释放出大量氧气，供给海水中层养殖的贝类；贝类排放的二氧化碳被藻类吸收，其排泄物被海底的海珍品所利用；海水中过剩的氮、磷等有机物被藻类吸收，清洁水环境的同时又为贝类的生长创造了条件。可见这种养殖模式依托海洋牧场形成了先进的、立体的、循环生态养殖系统，改善了海洋水质。而传统海洋渔业养殖，主要是依赖海洋环境，在小的网箱、围栏内投放饵料饲养，只是无节制地吸收海洋营养，必然逐步导致海洋环境恶化。海洋牧场并非像传统海洋渔业养殖那样的小范围养殖，而是大面积地放流苗种，利用自然之力培育，吸引外来鱼类，聚集鱼群，是对天然海洋生物的饲养。同时海洋牧场收获的鱼类，品质明显优于传统海洋渔业养殖产品，对环境破坏小，修复了海洋生态系统，提高了养殖质量，特别是经济价值高的物种。

传统海洋渔业养殖管理涉及人员少，人类活动干扰大，养殖管理工作较为轻松，只需要完成特定的工作，具有政策条例及其他方面的依据。海洋牧场是一个完整的体系，需要进行前期规划、调查、评估，中期投资建设、鱼礁投放、苗种放流、生境改造，后期运营、定期检测、远程监控、预测评估等方面的工作，需要制定一系列的详细措施，其工作量大且烦琐，需要政府部门检测调查，同时需要法律法规的支持。海洋牧场是以人为管理为主的自然养成的养殖体系，其环境容量以自然调控为主，同时需要少量的人为资源补给，主要依赖自身生态系统的自我调节；而传统海洋渔业养殖主要依赖人为资源补给，以人为调控为主。在海洋牧场区域开展的活动、项目及使用工具等各方面均有要求，管理内容涉及各个方面，不同于传统海洋渔业养殖的随意性，海洋牧场是受到人类保护的，因此受人类活动影响较小。海洋牧场具有较强的变动性，随着生态环境的修复、生物物种增多，该海域的生态系统平衡随时在变动；同时海洋牧场旅游等活动的开展也会对其产生影响，好或坏仍需要监测评价；沉入海底的人工鱼礁使用年限不同，受潮汐、海浪等海洋因素的腐蚀，会逐步粉碎，需要再次评估后方可投放，海洋牧场管理相较于传统海洋渔业养殖而言较为复杂。在资金方面，海洋牧场投资巨大，收效慢，但其生态效益、社会效益是无价的，管理费用投入多，要定期检测，比起传统海洋渔业养殖其相对限制利用者的因素较多。海洋牧场和传统海洋渔业养殖管理内容各方面均存在着不同，需要区别对待，不能用传统海洋渔业养殖方式来管理海洋牧场，海洋牧场建设是发展低碳经济的一场重要革命，是传统海洋渔业养殖业的转型升级。

四、政策不同

中国海洋牧场多为公益性质的，企业参与较少，在政策管理方面，地方政府在人工鱼礁建设之初出台发展规划，且多为支持性质的，相较而言，传统海洋渔业养殖规章制度较多，虽然也有惠民条例，但多为处罚条例。中国海洋牧场发展晚，缺乏完善的规章制度与政策，没有针对海洋牧场发展的法律法规，多从传统海洋渔业养殖政策中衍生出来，海洋牧场规章制度体系不完善，尤其是海洋牧场后期管理方案较为缺乏。完善的规章制度体系能有效保障各方面的权益，中国需要加快海洋牧场规章制度体系的建设，以促进海洋牧场的合理化发展，实现人与自然的和谐、可持续发展。

参 考 文 献

[1] 黄文沣. 栽培渔业的理论和实践[J]. 福建水产科技，1979，(1)：6-21.

[2] 刘卓，杨纪明. 日本海洋牧场(Marine Ranching)研究现状及其进展[J]. 现代渔业信息，1995，10(5)：14-18.

[3] 黄宗国. 海洋生物学辞典[M]. 北京：海洋出版社，2002：22.

[4] 陈永茂，李晓娟，傅恩波. 中国未来的渔业模式——建设海洋牧场[J]. 资源开发与市场，2000，16(2)：78-79.

[5] 王民生. 日本的栽培渔业[J]. 世界农业，1980，(10)：22-27.

[6] 陈思行. 人工鱼礁的发展与现状[J]. 中国水产，1984，(9)：30-31.

[7] 李成广，张玲. 人工鱼礁——海底的“牧场”[J]. 中学生物学，2004，(3)：14-15.

[8] McNeil W J. Prespectives on ocean ranching of pacific Salmon[J]. Journal of the World Aquaculture Society，1975，6(1-4)：299-308.

[9] Fucile M J. Ocean salmon ranching in the north pacific[J]. UCLA Pacific Basin Law Journal，1982，1(1)：117-152.

[10] Rines R H，Knowles A H. Process of sea-ranching salmon and the like：United States Patent，US4509458[P]. 1985-04-09.

[11] 杨吝，刘同渝，黄汝堪. 人工鱼礁的起源和历史[J]. 现代渔业信息，2005，20(12)：5-8.

[12] 赵衍龙. 韩国拟设置 8 个大型人工鱼礁防中国渔船非法捕捞[EB/OL]. (2016-03-31)[2017-05-31]. http://oversea.huanqiu.com/article/2016-03/8794472.html.

[13] 孙关龙，孙永. 中国：世界海洋农牧化的先驱[J]. 自然科学史研究，1999，18(1)：78-86.

[14] 曾呈奎. 关于我国专属经济海区水产生产农牧化的一些问题[J]. 自然资源，1979，(1)：58-64.

[15] 易建生. 台湾人工鱼礁的发展现状[J]. 南海研究与开发，1993，(1)：27-33.

[16] 王诗尧. 时隔 12 年台湾再以退役军舰沉海当鱼礁[EB/OL]. (2015-06-27)[2017-05-27]. http://www.chinanews.com/tw/2015/06-27/7369405.shtml.

[17] 李豹德. 我国沿海人工鱼礁建设的现状、问题及前景[J]. 海洋渔业，1989，(1)：24-28.

[18] 李昕. 首批20个国家级海洋牧场示范区获批[N/OL]. 中国海洋报，(2015-12-10)[2017-06-10]. http://www.oceanol.com/keji/ptsy/yaowen/2015-12-10/54163.html.

[19] 联合国粮食及农业组织. 2016 年世界渔业和水产养殖状况：为全面实现粮食和营养安全做贡献[M]. 罗马：联合国粮农组织，2016：18-28.

[20] 佚名. 海上增养殖模式的新探索——记白龙屿生态海洋牧场[EB/OL].（2016-08-14）[2017-06-14]. http://www.wxzhi.com/ archives/861/qyxmnt5p27bfj3d8/.

[21] 王东石，高锦宇. 我国海水养殖业的发展与现状[J]. 中国水产，2015，（4）：39-42.

[22] 刘宝森，苏万明. “一亩海水十亩田”：中国开始重视“海洋粮仓”潜力[EB/OL].（2013-11-06）[2017-16-06]. http://finance.ifeng.com/a/20131106/11022590_0.shtml.

[23] 陈磊. 我国海水养殖产业潜力巨大[EB/OL].（2007-01-25）[2017-06-14]. http://www.shuichan.cc/news_view.asp?id=878.

[24] 刘同渝. 国内外人工渔礁建设状况[J]. 渔业现代化，2003，（2）：36-37.

[25] 佚名. 每年约 800 万吨垃圾进入海洋[N]. 京华时报，2015-02-14（A032）.

[26] 佚名. 退化的海洋[N/OL]. 南方都市报，（2013-12-01）[2017-06-01]. http://epaper.oeeee.com/epaper/C/html/2013-12/01/content-2235892.htm?div=–1.

[27] 国家海洋局. 2015 年中国海洋环境状况公报[R]. 北京：国家海洋局，2016.

[28] 赵晓宇. 环保组织称 70 年代以来全球海洋生物减少近半[EB/OL].（2015-09-16）[2017-06-16]. http://world.huanqiu.com/exclusive/2015-09/7505015.html.

[29] 张学. 美刊：中国海洋生态系统退化速度惊人[EB/OL].（2014-08-11）[2017-06-11]. http://china.cankaoxiaoxi.com/2014/0810/456171.shtml.

[30] Feary D A，Burt J A，Bartholomew A. Artificial marine habitats in the Arabian Gulf：Review of current use，benefits and management implications[J]. Ocean & Coastal Management，2011，54（10）：742-749.

[31] 佚名. 2015 年拆船业经济运行综述[EB/OL].（2016-02-26）[2017-06-16]. http//www.cnss.com.cn/html/2016/international_industry_0226/199246.html.

[32] 佚名. 2015 年我国汽车保有量持续快速增长及旧车进入报废期分析[EB/OL].（2015-10-26）[2017-06-16]. http//www.chyxx.com/industry/201510/352182.html.

[33] 中华人民共和国农业部. 农业部关于创建国家级海洋牧场示范区的通知：农渔发[2015]18 号[Z].（2015-04-20）.

[34] 杨红生. 我国海洋牧场建设回顾与展望[J]. 水产学报，2016，40（7）：1133-1140.

[35] 王亚民，郭冬青. 我国海洋牧场的设计与建设[J]. 中国水产，2011，（4）：25-27.

[36] 陈力群，张朝晖，王宗灵. 海洋渔业资源可持续利用的一种模式——海洋牧场[J]. 海岸工程，2006，25（4）：71-76.

[37] 梁君，王伟定，虞宝存，等. 东极海洋牧场厚壳贻贝筏式养殖区可移出碳汇能力评估[J]. 浙江海洋学院学报（自然科学版），2015，（1）：9-14.

[38] 李河. 山东省海洋牧场建设研究及展望[D]. 秦皇岛：燕山大学，2015.

[39] 宋正杰. 人工鱼礁的作用与分类[J]. 齐鲁渔业，2009，26（1）：55-56.

[40] 田晓轩. 唐山曹妃甸海洋牧场综合效益评价研究[D]. 青岛：中国海洋大学，2015.

[41] 何国民，曾嘉，梁小芸. 人工鱼礁建设的三大效益分析[J]. 中国水产，2001，（5）：65-66.

[42] 陈勇. 海洋牧场[EB/OL].（2013-06-01）[2017-06-16]. http://wenku.baidu.com/link?url=rW2YHtQHgXfunJqCOMzohpYFlxumkF9msZScqdM7ZtXPkoEzOVTI8rXddA5kXimH-ZsjywwQX4k28jAFjDg94pguT1IRkpDwFYrnQd29rNy.

[43] 都晓岩，吴晓青，高猛，等. 我国海洋牧场开发的相关问题探讨[J]. 河北渔业，2015，（2）：53-57.

[44] 佚名. 海洋牧场与网箱养殖的区别[EB/OL].（2016-03-25）[2017-06-25]. http://www.qdlbf.com/Article/hymcywxyzd_1.html.

第二章　国内外海洋牧场发展历程

第一节　国外海洋牧场发展历程

一、萌芽阶段（1960 年以前）

日本和美国是海洋牧场开发最为成功的国家，是人工鱼礁技术应用最成熟的区域。海洋牧场的建设最初源于原始人工鱼礁的发现，这是萌芽阶段中最典型的代表，随后才进一步发展出现增殖放流的形式。原始人工鱼礁源于古人发现投掷石块、树枝等物体于海中可引起鱼群聚集这一现象，后来才逐步经过人为改造制成现在的人工鱼礁。“人工鱼礁”一词在第二次世界大战之后被正式采纳，这一时期出现了大量建立在原始捕捞方法基础上的渔场，多采用投放自然物体到海中，实现诱导鱼群聚集、增加渔业捕捞量的目标。

日本建造人工鱼礁的历史可以追溯到 370 多年以前。1640 年，早期的人工鱼礁始现于日本高知县，当地居民通过投放石块来建造渔场；1716 年，在日本青森县记载过投石增殖海藻类和贝类的方法；1795 年日本开始在近海投放人工鱼礁；1804 年，在日本淡路国津名郡海域，居民有意识地选取人工鱼礁，将用石块、竹子等材料制作的鱼礁进行投放，形成了原始的人工鱼礁。

美国有 150 多年的人工鱼礁发展历史，1860 年洪水灾害，树木折断后被冲进卡罗里纳海湾，藻类植物在其周围繁殖，诱集了大量鱼群，渔民受此启发，在美国东北沿海投放原始人工鱼礁，此时木质、石头搭建的人工鱼礁快速发展。美国大南湾垂钓渔船协会曾用黄油桶制作人工鱼礁投放到居住的岛屿周围的海域，形成了高产渔场，随后尝试采用水泥管制作人工鱼礁，1930 年美国逐步将人工鱼礁应用到淡水区域。20 世纪 50 年代之后，美国投放沉船作为鱼礁，美国船务公司曾用木质啤酒桶填充混凝土制作人工鱼礁，也曾在墨西哥湾投放废弃车辆，一直到 1960 年投放的鱼礁多为小型鱼礁，并且以民间设置为主。

日本、美国虽然进行了大范围的人工鱼礁建设，但并未引起其他国家注意，人类对于鱼类的捕捞模式依旧停留在传统的围捕方式，鱼类数量完全由自然的力量与人类自身的节制所决定，一旦出现自然灾害或人类的过度捕捞就会导致鱼类数量的急速下降，其结果是严重损害了海洋渔业资源的可持续发展。为解决过度捕捞所导致的不可持续发展现象及环境问题，出现了有别于传统采捕型渔业的增殖放流模式。世界上最早开展人工繁育放流工作的是法国，1842 年法国将人工授精孵化的虹鳟幼鱼放流于河川之中[1]。有资料显示太平洋鲑鱼的放流在 1860～1880 年已经开始，1871 年，美国建立第一个孵化场，进行规范化的增殖放流，日本、加拿大等培育鲑鱼苗种并实施放流，澳大利亚、新西兰等纷纷效仿。韩国受日本渔业技术的影响，1924 年韩国开始进行鱼苗标志放流实验，包括鲭鱼、明太鱼、乌贼、黄花鱼、秋刀鱼等种类，并在 1953 年制定了《水产业法》，逐步开始了小型人工鱼礁的建设。日本在 20 世纪 50 年代初期，通过政府资助苗种放流，进行了浅海增殖，虽然在 1960 年以前放流规模较小，但也取得了一定进展。

二、初步发展阶段（1960～1979 年）

20 世纪 60 年代初日本成立濑户内海栽培渔业中心，栽培渔业是指人工培育大量的鱼、贝、虾苗种，投放至特定海域进行增养殖，以增加水产资源后代的补充量，达到提高海洋生产产量的目的，或者通过这种手段，干预、控制海洋资源量的变动[2]。日本的栽培渔业在投放人工鱼礁和鱼苗放流的基础上，推进了新渔业的技术开发和事业化的结合，从技术开发扩展到应用推广。

随着经济的快速发展，1960 年以后，建造人工鱼礁所用的材料有了较大的突破，增加了轮胎、废弃钻井平台、玻璃制品、废弃火车、锅炉、管道等多种材料，节约了建设成本，同时有助于工业废物的海洋化处理，人工鱼礁制造业的迅速发展，使美国政府更加重视人工鱼礁的建设，主要聚焦于人工鱼礁产生的效果，美国用两年的时间观测调查，发现人工鱼礁投放海域鱼的数量是未设置鱼礁海域的 11 倍，之后美国投放了更多的人工鱼礁。1966 年美国联邦政府开始正式研究海洋人工鱼礁，集中研究人工鱼礁适用类型和如何提高投放效果。美国于 1968 年最早提出了有关海洋牧场的计划，并于 1972 年付诸实施，1974 年在加利福尼亚海域利用自然苗床培育巨型海藻，取得了显著的效益。韩国于 1966 年成立水产厅国立水产振兴院，开始重视海洋产业开发，20 世纪 70 年代韩国开始人工鱼礁的建设，1973 年成立了韩国国立水产苗种培育场，随后在海洋牧场区域实施苗种的放流。

真正提出“海洋牧场”这一概念的是日本。日本在1971年的海洋开发审议会上率先提出海洋牧场的概念，当时人们普遍认可的定义是：只要在海洋中利用天然饲料进行养殖的场所都被认为是海洋牧场。在这个时期，最重要的是将海洋牧场的建设提上议程，建设海洋牧场最重要的工作主要集中于对人工鱼礁的开发和建设，美国、加拿大、挪威及苏联等都在海洋牧场建设或鱼类放牧方面作了相关研究和实践。

从20世纪60代末至70年代初，人工鱼礁得到了进一步的发展，无论是制造材料的材质、空间设计的水平，还是在全球范围内的制造量和作用都有了很大程度的提升。其中，美国、日本在该领域的研究处于领先地位。此时，各国经济快速发展，逐步重视海洋资源的开发，渔船向大型化、机械化、自动化方向发展，渔业产量不断增加，养殖业迅速崛起，各国政府加大渔业投资力度。20世纪70年代，美国利用废弃物作为礁体在45个州设置人工鱼礁，其中28个州设置淡水人工鱼礁，加大了在淡水内设置人工鱼礁的实践活动强度。日本在这个时期加速了专属经济区人工鱼礁的建设，使得日本的渔业产量显著提高，韩国、英国、德国等均加快了人工鱼礁的建设，逐步形成特殊产业，苗种放流量急剧增加，规模进一步扩大，此时初现了海洋牧场形态。

三、快速发展阶段（1980～1999年）

从20世纪70年代中后期开始，科技时代来临的同时，世界各地均受到资源与环境问题的困扰，各国政府开始意识到建设海洋牧场的重大意义，海洋牧场进入了快速发展阶段，表现在空间范围快速扩展，很多区域均出现了海洋牧场（包括栽培渔业）及其人工鱼礁的建设活动。各国在技术方面的研究也越来越深入，包括放养目标种类的选择、驯养、海洋牧场环境的监测、修复和改造等方面，同时制定了许多相关法规，为了保护投资者的利益，在部分国家还出现了第一产业与第三产业的结合发展，效益不断扩大。

1982年第三次联合国海洋法会议通过了《联合国海洋法公约》，规定了200海里专属经济区属于国家管辖范围，海洋资源受到了限制。同时海洋环境问题开始不断涌现，引起了各国对海洋开发的重视，纷纷着手制定海洋牧场计划。到1980年，日本已经建设了20多个海洋牧场，逐步迈向产业化，在农林水产技术会议上，针对“有关海洋牧场化计划”的论证资料中，对海洋牧场的概念提出了更为具体的界定。日本开始在全国范围内全面推行栽培渔业，制定了栽培渔业长远发展计划，并组织了为期9年的海洋牧场推进计划。20世纪80年代，日本将音响驯化技术应用于海洋牧场中，运用追踪监控技术，监测鱼群行动，控制其行为。20世纪90年代，日本每年仅投入到人工鱼礁建设的资金就达589亿日元，中央政府和县政府或市町村各负责50%，日本开始逐步转换水产发展模式。

韩国在20世纪80年代养殖技术已经成熟，水产养殖向集约化发展，于1985年制定了“人工鱼礁设施设置指针”，人工鱼礁开始呈多样化发展，藻类鱼礁、鱼类鱼礁、贝类鱼礁等用途多样化、改良化的鱼礁表现出多种形状，如圆桶形、半球形、四角形、六角形等形状，同时人工鱼礁的体积由小型逐步向大型化发展，形成了体系化、规范化的人工鱼礁产业。90年代是韩国高科技水产业发展时期，韩国进行了遗传育种技术的开发，并制定了海洋牧场建设规划。挪威针对海洋农牧化开展了长达15年的深入研究，研究的问题包括环境影响，鱼苗生产、放养、与野生种群的互动，健康状况，等等，其目的是发展新的沿海产业内部架构，实现均衡和可持续发展。20世纪80年代，挪威开始了具有针对性的增殖海洋牧场建设，如挪威龙虾、鳕鱼等海洋牧场，并于1990～1997年进一步推进了海洋牧场计划。美国、英国、加拿大、俄罗斯、瑞典等均把栽培渔业作为振兴海洋渔业经济的战略对策，投入大量资金，开展人工育苗放流，恢复渔场基础生产力，并且都取得了显著成效。美国把人工鱼礁更名为“人工鱼类栖息地”，他们认为该名称更符合人工鱼礁建设的目的，以此也彰显了其对人工鱼礁研究的重视。

在此阶段，海洋牧场产业向第三产业迈进，20世纪80年代初期，美国在沿海海域投放了1200处人工鱼礁，聚集了大量的可垂钓鱼群，开始发展游钓产业。美国游钓渔业的人数每年以3%～5%的速度递增，到80年代中期获利180亿美元。到2000年，美国人工鱼礁量比以前增加了一倍，达到2400处，游钓人数已达到1亿左右，综合经济效益达到300亿美元。

这一阶段也是海洋牧场技术快速发展时期，日本进行了一系列的技术研究与开发，如开发培养有效饵料生物的方法和饲养技术、验证放流效果的技术、提高存活率的技术等。日本、挪威等的海洋牧场实践表明，海洋牧场是综合技术体系，涉及立法、管理、经济等各个层面，其中管理和物权制度是取得经济效益的关键；

对洄游范围小、趋礁性强的鱼种和定居种群的海洋生物资源增殖，能够取得显著的经济效益；通过应用水产工程技术，改造水生经济生物栖息环境，能够高效增殖渔业资源，增殖品种生物学特性、生态习性的研究是实施海洋牧场计划的重要依据。在 1989 年 9 月召开的日美第 18 届渔业峰会上，日本代表介绍了海洋牧场计划成功实施的经验，表明了运用水产工程技术能满足资源增殖的需求，并能取得显著的经济效益。此时，苗种生产的新技术、渔民参与的管理制度、回捕渔获量规定等被成功运用到海洋牧场的经营和管理上。

四、深入发展阶段（2000 年至今）

21 世纪是生物技术和产业革命时期，海洋经济时代来临，国外海洋牧场进入了深入发展阶段，许多海洋牧场已经竣工，逐步进入收益时期。快速发展阶段时海洋牧场各项基础技术已基本成熟，在该阶段，各国对海洋牧场的人工鱼礁建设、生物行为控制、环境资源保护与监测及管理等技术进入了更深层次的研究，结合生物、化学、物理等领域尖端技术，研发海洋牧场新技术，并制定了更为详细的海洋牧场规划，建立海洋牧场示范区，收益颇丰。

到了 21 世纪，日本的海洋牧场已经规范化、制度化，2001 年日本制定《水产基本法》，修订《日本渔港渔场整备法》，对人工鱼礁建设进一步进行了详细的规定，2002 年推行“水产基础整备事业”，制定了 2002～2006 年的第一个五年计划。日本还加大了大型鱼礁的开发力度，在滨田海域设置高 40 m 的人工鱼礁，且由浅海海域向深海海域发展建设海洋牧场。海洋牧场的不断扩展带动了技术的开发，日本高科技技术呈现迅速发展趋势，海洋牧场技术进入高速发展时期，各领域知识结合运用，水产厅外围团体——21 世纪海洋论坛的海洋牧场开发研究会进行了真鲷幼鱼的音响驯化海上浮标站的研究，数年后又在新潟佐渡（牙鲆海底牧场）、宫城气仙沼（黑鲪）、广岛竹居（黑鲷）、三重五所湾（真鲷）等地，就各海域适宜的鱼种开展投饵音响驯化实验，实验结果证明回捕率大幅度提高。增养殖型海洋牧场及生态修复和保护型海洋牧场进一步发展，逐步向第三产业迈进，如长崎市海洋牧场建立垂钓公园，垂钓人数超过 7000 人。

澳大利亚建设的鲑鱼增殖型海洋牧场，自 2010 年后，平均每年鲑鱼养殖生产总值增长幅度约为 11%，2011 年达到 4.088 亿澳元。鲑鱼占澳大利亚水产养殖生产总值的43%和渔业生产总值的18%。海洋牧场不仅增殖收益，更重要的作用是改善生态环境，在海域资源枯竭、生境破坏的当下，各国逐步向生态修复方向发展。2001 年春季，挪威议会通过海洋牧场法，确立了扇贝、龙虾的物权制度。英国在 21 世纪初将海洋政策逐渐从海洋开发转移到海洋环保，并在近年来不断采取保护海洋生态系统的举措，2002 年 5 月，英国政府提出了“全面保护英国海洋生物计划”，为生活在英国海域的 4.4 万个海洋物种提供更好的栖息地。

韩国重视海洋牧场质量建设与管理，于 1998 年开始实施海洋牧场计划，进入 2000 年后，人工鱼礁材质向混凝土、贝壳、陶瓷等多样化材料方向发展，2002 年强化人工鱼礁渔场管理和保护，在庆尚南道统营市首先建设的核心区面积约 20 km^2 的海洋牧场于 2007 年 6 月竣工，海洋牧场规范化建设与管理取得了初步成效，2010 年修订了《人工鱼礁设施设置及管理规定》，人工鱼礁进入法治管理阶段，逐步向观光体验型海洋牧场发展。韩国统营海洋牧场的建设过程分三个阶段：一是成立基金会和管理委员会，明确管理机构、研究机构、实施机构等；二是增殖放流资源，建设海洋牧场；三是后期管理和建设结果的分析评估。其中科研和技术开发工作主要围绕区域地理和生态特征展开，重点研究了生态学特性与建设模式设定、生态环境的改善、鱼类增殖、海洋农牧化使用和管理 4 个方面。其核心技术体系包括 4 个方面：海岸工程及人工鱼礁技术、鱼类选种和繁殖及培育技术、环境改善和生境修复技术、海洋牧场的管理经营技术。对于其他如放流技术、放流效果评价、人工鱼礁投放效果评价、牧场运行和监测技术、设施管理、牧场的经济效益评价、牧场建成后的管理及维护和使用模式等也进行了相关的研究。

不同于日本、挪威海洋牧场，韩国的海洋牧场突出了基于海洋生态系统管理的内容。他们认为海洋牧场管理内涵应包括生物群落之间的相互作用、生物与栖息地之间的相互作用、渔业活动对生物群落与栖息地的综合影响，并把渔业可持续发展、生物多样性维持、栖息地质量改善作为海洋牧场管理的核心目标。以韩国为代表的海洋牧场建设是对海洋牧场概念的重要革新，标志着一个适用于不同海域特征的技术体系和管理体系正在形成，也为海洋牧场传播到包括发展中国家在内的其他沿海诸国打下了坚实的基础。

第二节　中国海洋牧场发展历程

一、萌芽阶段（1979年以前）

中国的人工鱼礁历史悠久，起源较早，据记载最早的人工鱼礁要追溯到春秋战国时期，在“罧业”中出现了有关鱼礁的记载。在《尔雅》一书中也记载了中国渔民“投树枝垒石块于海中诱集鱼类，然后聚而捕之”的相关内容[3]。明朝嘉靖年间（1522～1566年），中国出现竹篱诱鱼的记载，将毛竹插入海底，并在间隙中投入石块和竹枝等用以诱导鱼群聚集。从这个角度上来说，中国是世界上最早发现及应用人工鱼礁的国家，但后期发展中未引起人们的重视。

早在1965年，我国海洋农业奠基人曾呈奎学部委员（院士）等就已经提出在海洋中通过人工控制种植或养殖海洋生物的理念和海洋牧场的战略构想。曾呈奎认为，远洋捕捞和海洋农牧化是我国提高海洋水产品产量和品质的主要途径，提出要把我国海域建设为高产稳产的海洋农牧场[4]。20世纪70年代初，由于过度捕捞，造成近海渔业资源衰退，海洋农牧化开始引起人们的重视，20世纪70年代后期，冯顺楼、徐绍斌、陆忠康、刘恬敬等渔业专家也先后研究了海洋农牧化的理论和方法，提出我国海洋渔业资源、海水增养殖必须走海洋农牧化道路，这是渔业发展的必然的要求。我国真正开始人工鱼礁建设始于20世纪70年代末80年代初，1979年，我国开始在广西海域投放小型人工鱼礁，随后在广东、山东等地扩大了人工鱼礁投放试验规模。

二、初步发展阶段（1980～2006年）

20世纪80年代，我国提出开发建设海洋牧场的设想，并开始建设海洋牧场，设计制造了废船、钢筋混凝土、大型浮沉结合多种类型的鱼礁，并陆续在沿海海域试验性地投放了一些人工鱼礁，取得了较好的效果，1983年政府批示在沿海扩大投放人工鱼礁规模，先后在广西、广东、福建、浙江、山东、辽宁等进行人工鱼礁的投放和建设。但多为自发性、科学试验性建设、试点工作，并没有形成大规模建设，直到1987年底，我国用时9年在全国8个省（自治区）开展了人工鱼礁建设，自此，我国人工鱼礁的建设取得了初步成功。

受邻国韩国、日本海洋牧场建设成效的鼓励及学术界逾 20 年对海洋牧场建设的呼吁，我国自 20 世纪 90 年代开始尝试建设海洋牧场。特别是近十年来，我国围绕海洋农牧化道路、海洋牧场开发技术与方法、海水增养殖发展重点、方向及途径等专题开展了多层次、多方面的研究与探索，丰富了这个领域的理论和技术。

“八五”计划期间，辽宁首先提出建设海洋牧场的设想，2003 年獐子岛海域已经建成中国最大的底播虾夷扇贝海上牧场，2004 年与大连海洋大学合作海洋牧场建设项目，进行海底“植树造林”，营造海藻床，设置人工鱼礁和人工藻礁[5]。通过综合利用生息场建设技术、健康苗种生产技术、行为驯化（中间育成）技术、增殖放流技术、生态与环境监控技术、选择性捕捞技术等关键技术的研究与集成，在辽宁獐子岛海域进行研究与示范，在滩涂贝类资源衰减严重的锦州海域进行浅海毛蚶贝类资源恢复技术的研究，为我国近海渔业提供海珍品的现代生产模式和技术支撑，为毛蚶贝类资源的恢复解决关键技术问题，以达到科学地养护、恢复和利用海珍品及毛蚶贝类生物资源的目的，保障我国海洋增养殖渔业在生态良好、环境和谐中持续健康发展。该项目的实施改变了传统的渔业生产方式，变单纯的捕捞渔业、养殖渔业为生态管理型渔业，克服由过度捕捞带来的资源枯竭、由近海养殖带来的海水污染和病害加剧等弊端，实现海洋渔业生产方式上的新跨越，现已形成獐子岛渔业发展模式。

这一时期我国海洋牧场的研究与建设内容主要为人工鱼礁建设和增殖放流，开展了生息场综合建设技术、鱼类行为驯化技术、放流技术、生态与环境监控技术、选择性捕捞技术等研究。尽管海洋牧场当时在我国尚处于初级发展阶段，其概念定位、发展模式等还未达成共识，但相关行业部门已有意识，民间企业（尤其北方）参与建设热情高涨。进入 21 世纪，广东、浙江、江苏、山东和辽宁等掀起了新一轮人工鱼礁建设热潮，呈现出政府提供政策和资金支持、企业实施建设的特点[6]。

2002 年起，我国对海洋渔业的发展模式进行了重大战略性调整，在沿海各地全面启动和实施了海洋捕捞渔民转产转业项目，其中安排部分资金用于开展海洋牧场建设[7]。2005 年，在山东地区实施了“山东省渔业资源修复行动计划”，建设“国家半岛海洋牧场”，此时处于起步阶段的海洋牧场建设，规模较小，技术性不强。2006 年国务院印发的《中国水生生物资源养护行动纲要》提出，“积极推进以海洋牧场建设为主要形式的区域性综合开发，建立海洋牧场示范区”[4]，全国沿海各省（自治区、直辖市）积极组织开展海洋生物资源增殖放流活动和人工鱼礁建设。

三、快速发展阶段（2007 年至今）

从 2007 年起，中央财政加大了对增殖放流和海洋牧场建设的支持力度，并直接带动了地方各级财政支持投入，使全国海洋牧场建设进入了相对快速发展的时期。据不完全统计，2008～2009 年度我国为海洋牧场建设总投资逾 8070 万元，总面积 3770 hm^2，从北到南形成了辽西海域海洋牧场、大连獐子岛海洋牧场、秦皇岛海洋牧场、长岛海洋牧场、崆峒岛海洋牧场、海州湾海洋牧场、舟山白沙岛海洋牧场、洞头海洋牧场、宁德海洋牧场、汕头海洋牧场和廉江海洋牧场等 20 余处海洋牧场，我国海洋牧场的产业基础初具雏形[8]。

在 2011 年出台的《中华人民共和国国民经济和社会发展第十二个五年规划纲要》（简称《纲要》）中，海洋经济发展成为一个独立章节，《纲要》明确指出必须坚持陆海统筹发展战略，制定和实施海洋经济可持续发展战略，提高海洋的开发利用和可持续发展能力。海洋牧场是发展、建设海洋渔业经济的根本途径，同时也是发展低碳经济的一个重大契机。海洋牧场的建设是科学发展观在海洋经济领域的重大突破，它将加大发展海洋低碳经济的力度，强化科学利用海洋资源的观念，对于科学利用海洋资源，带动海洋经济可持续发展，促进我国蓝色经济建设具有极大的推动作用。

2013 年，《国务院关于促进海洋渔业持续健康发展的若干意见》中明确要求“发展海洋牧场，加强人工鱼礁投放”。2014 年 7 月，浙江省委、省政府出台《关于修复振兴浙江渔场的若干意见》，力争到 2020 年建成 15 个海洋保护区、9 个产卵场保护区、6 个海洋牧场，累计增殖放流各类水生生物苗种 100 亿尾（粒），将浙江渔场渔业资源水平恢复到 20 世纪 80 年代末的水平，海洋捕捞与资源保护步入良性发展轨道。2015 年 5 月 8 日，《中华人民共和国农业部公报》发布通知，决定组织开展国家级海洋牧场示范区创建活动，明确提出了创建国家级海洋牧场示范区的指导思想和建设目标，进一步规范了我国的海洋牧场建设。同年，农业部公布全国第一批国家级海洋牧场示范区名单。

据不完全统计，目前，全国已投入海洋牧场建设资金超过 80 亿元，其中中央财政投入近7亿元，全国建设人工鱼礁2000多万 m^3·空，礁区面积超过11万 hm^2[4]。2014年辽宁省与多方合作编制了《长海县现代海洋牧场建设试点示范项目实施方案》，项目建设主要内容包括苗种繁育、底播增殖、人工鱼礁、休闲渔业、立体养殖、鱼类驯化、装备渔业、可控采捕8个方面，向规范化的海洋牧场建设跨出扎实的一步[5]。我国常见的海洋牧场类型主要有4种类型：增养殖型海洋牧场、生态修复和保护型海洋牧场、休闲观光型海洋牧场及综合型海洋牧场[9]。我国海洋牧场正由增养殖型逐步向多元化的综合型方向快速发展。

第三节　国内外海洋牧场发展历程对比分析

目前，我国海洋牧场建设和发展还不成熟，与日本、韩国、美国、挪威等一些国家相比，在发展时间与规模、技术水平及管理等方面还存在一定的差距。

一、起步时间

1950年以前，日本已经开始了人工鱼礁的投放，更在1950年投放10 000只船作为人工鱼礁，1954年日本开始了有计划的投资建设人工鱼礁，1963年成立栽培渔业协会，开始大力发展栽培渔业，海洋牧场构想于1971年提出，1977～1987年实施海洋牧场计划，并着手进行了海洋牧场建设，建成了世界第一个海洋牧场——黑潮海洋牧场。日本是世界海洋牧场发展成功的典型代表，起始时间远远早于中国，中国海洋牧场的发展建设，很大一部分原因是受日本的启发和影响。

20世纪50年代，美国用啤酒桶填充混凝土沉入海底作为人工鱼礁，是美国现代人工鱼礁建设的开端，1968年美国最早提出了有关海洋牧场的计划，于1972年付诸实施，1974年利用自然苗床培育出巨型海藻。美国海洋牧场建设大致同步于日本，是海洋牧场发展最成熟的国家之一。

1973年，韩国开始建设人工鱼礁，1998年实施海洋牧场计划。韩国建设海洋牧场，受日本影响较大。此外，英国、苏联、意大利、澳大利亚等建造人工鱼礁开始于20世纪六七十年代之后，相较于日本、美国，起步较晚。

虽然原始人工鱼礁在中国起源最早，但并未真正发展起来，真正的人工鱼礁建设开始于1979年，属于小型的试验性投放，20世纪80年代中期，我国提出了建设海洋牧场的设想，然而海洋牧场基础建设开始于 20 世纪 90 年代，进入 21 世纪后才得到快速发展，得到政府的大力支持。我国进行大规模的海洋牧场建设开始于 2006 年，虽然我国海洋牧场的建设起步远远晚于日本和美国，但正处于快速崛起与迅速发展阶段。

二、发展规模

日本在 1976～1981 年设置了 3086 个人工鱼礁，体积为 3255 万 m^3·空，投资 705 亿日元，1991 年，日本栽培渔业的预算达到 48.6 亿日元[10]。进入 21 世纪后，日本投资数百亿日元建造数千个人工鱼礁，到 2003 年，全国共有国营的栽培渔业中心 16 家，都道府县的 64 家。近年来，日本每年投入 600 亿日元用于人工鱼礁的建设，截至 2010 年，全日本渔场面积的 12.3%已经设置了人工鱼礁，投放人工鱼礁已达 5000 个，共计 5306 万 m^3·空，总投资 12 008 亿日元[11]。

韩国建设人工鱼礁之初，政府投资 4253 亿韩元，地方投资 1063 亿韩元，进入 21 世纪后，政府加大投资力度，到 2010 年，韩国东部投放人工鱼礁 64 035 个，已建造人工鱼礁面积达到 12 048 hm^2，投资力度逐步加大，并建设了韩国海洋牧场示范区[11]。

1983 年美国人工鱼礁区已经达到 1200 处，每个面积数英亩①，后又投放了大量废弃军舰作为人工鱼礁，同时用 150 个石油开采的海洋平台水下导管架作为人工鱼礁。美国海洋牧场发展以来，游钓业也得到了迅猛发展，到 2010 年，美国因游钓业所带来的经济效益达到 500 亿美元，而且每年以 5%～10%的速度扩建人工鱼礁[11]。

20 世纪 80 年代，我国共设置 23 个投放试验点，投礁 28 000 多个。“十一五”期间，全国累计投入水生生物增殖放流资金约 20 亿元，放流各类苗种约 1000 亿尾[12]；2012 年全国共投入增殖放流资金近 10 亿元[13]。截至 2016 年，据不完全统计，我国从北到南先后建设了 200 余处海洋牧场，海洋牧场的产业基础初具雏形[8]。我国海洋牧场发展时间短，投资力度和建设规模相较于日本和韩国，明显处于弱势，建设规模较小，仍需进一步加强建设。

---

① 1 英亩=4046.86 m^2。

三、技术水平

在日本、韩国等技术先进的国家和地区，海洋牧场已经发展成为一项融合海洋生物学、海洋生态学、海洋工程等多学科前沿知识的高科技系统工程。以发展较晚但在技术方面却领先一步的韩国为例，韩国已经建成了许多海洋牧场示范区，在苗种的亲鱼养成、音响驯化等很多方面有了较大突破，建立了不同于日本栽培渔业形式的，有韩国特色的、资源养护型的海洋牧场模式，其关键技术主要包括环境监测及投饵、目标品种渔场建设、海流控制设施三个方面的内容。环境监测及投饵设施包括投饵及音响装置、太阳能发电系统、环境监测装置、陆上观测控制系统等。目标品种渔场建设包括最具代表性的人工鱼礁和海藻床的建设等。海流控制设施是为确保海洋牧场能对目标品种提供安全的栖息场所，并提高各种设施物稳定性的设施。美国鲑鱼海洋牧场建设技术处于全球领先地位，远程监测系统开发技术成熟，并将转基因技术应用到海洋牧场鱼类驯化及监控方面，其卓越的海洋牧场技术与方法值得其他国家借鉴。独特的地理环境，促使日本海洋牧场高速发展，其独特的音响驯化技术水平，远超其他国家，同时苗种育成、放流技术也相当成熟，其精准的机械化、自动化技术也逐步向更高层次迈进。

我国海洋牧场受发展历程的限制，相关技术水平发展时间较短，技术不够成熟，整体规模偏小，基础研究薄弱，研究海洋牧场的专业人员比例较低，政府或企业与大学、科研院所等机构的产学研结合也不够紧密，这些使得我国海洋牧场的建设研究受到了一定的制约[14]。技术的落后是导致我国海洋牧场开发模式粗放、布局不合理的重要原因，无法为海洋牧场建设实践提供有力的科技支撑。构建“民产学研”合作机制，提高科技创新能力，突破海洋牧场开发关键技术，已成为我国政府、学术界和产业界面临的共同课题[9]。

四、管理水平

海洋牧场作为新兴的设施渔业，如何运营管理是一个重要问题，既需要法律政策支持，又要有完善的管理体系。日本的管理体制已经基本完善，专设部门定期维护与检查人工鱼礁等设施，保证其正常使用，并且做到将主体过渡到渔民，渔民与政府一同建设海洋牧场，充分调动渔民建设海洋牧场的积极性。日本还颁布《沿岸渔场整备开发法》，规范化沿岸渔场的发展，促进了鱼礁设置事业的发展；通过成立栽培渔业协会，负责管理栽培渔业的发展；日本对水产机构进行改革，将栽培渔业协会并入日本水产综合研究中心，专司栽培渔业项目管理和栽培渔业技术的研究、评价和实施工作，对单位内部的栽培渔业进行了体制和机制的整合与改革；日本21世纪海洋论坛综合政府、渔民、学者的观点，交流碰撞，平衡各团体利益，寻找适合日本海洋牧场的发展之道。日本重视管、民、产、学综合一体化的管理，同时加强地方政府、自治团体的联系，联合各组织综合监管，具有较高的管理效率。

韩国在海洋牧场的建设和发展方面，专门成立了水产厅国立水产振兴院、国立水产苗种培育场，并设置专属部门进行海洋牧场管理建设，制定详细的发展计划，由专属部门定期检查。2007年，海洋水产部将海洋牧场建设移交给韩国国立水产科学院管理，该院成立了海洋牧场管理与发展中心，具体负责该项目的实施工作。韩国海洋牧场管理条例明晰，责权明确，并且有详细的规划、管理体系，指导海洋牧场的建设和发展。美国海洋牧场多是企业制，监测、管理归属于开发企业，同时美国注重环境的修复，其开发管理更自由化。

在我国，海洋牧场多为政府建设，后期缺乏管理，甚至被弃置，或存在交叉管理、秩序混乱的现象，不仅缺乏渔民与企业的参与，还缺乏国家性质的规章条例的监管。目前我国社会资本更倾向于投资以海珍品底播增殖为主的增养殖型海洋牧场和休闲观光型海洋牧场，生态修复和保护型海洋牧场主要由政府投资。在实践效果上，社会资本投资建设的牧场要明显好于政府投资建设的牧场。因此，在今后的牧场开发中，应适当减少纯公益性牧场的比例，按照“谁投资，谁受益”的原则，将更多的经营管理权授予社会主体。政府资金主要投向产卵场保护、种质资源保护、幼鱼保护等难以社会化或不宜社会化的领域。同时借鉴日本、韩国成功的管理经验，成立专属监管体系，及时追踪海洋牧场后续环境问题。

参考文献

[1] 李继龙，王国伟，杨文波，等. 国外渔业资源增殖放流状况及其对我国的启示[J]. 中国渔业经济，2009，27（3）：111-123.

[2] 黄文沣. 漫谈栽培渔业[J]. 中国水产，1980，（1）：29-30，18.

[3] 郭璞注. 尔雅[M]. 杭州：浙江古籍出版社，2011.

[4] 常理. 建设海洋牧场保障蓝色粮仓[N]. 经济日报，2016-05-26（11）.
[5] 贺平. 大连区域发展报告（2013-2014）[M]. 大连：东北财经大学出版社，2014.
[6] 杨红生. 我国海洋牧场建设回顾与展望[J]. 水产学报，2016，40（7）：1133-1140.
[7] 潘澎. 海洋牧场——承载中国渔业转型新希望[J]. 中国水产，2016，（1）：47-49.
[8] 阙华勇，陈勇，张秀梅，等. 现代海洋牧场建设的现状与发展对策[J]. 中国工程科学，2016，18（3）：79-84.
[9] 都晓岩，吴晓青，高猛，等. 我国海洋牧场开发的相关问题探讨[J]. 河北渔业，2015，（2）：53-57.
[10] 佘远安. 韩国、日本海洋牧场发展情况及我国开展此项工作的必要性分析[J]. 中国水产，2008，（3）：22-24.
[11] 朱孔文，孙满昌，张硕，等. 海州湾海洋牧场——人工鱼礁建设[M]. 北京：中国农业出版社，2011.
[12] 李彦. “十一五”渔业发展全面上新台阶——“十一五”渔业成就综述[J]. 中国水产，2011，（3）：11-19.
[13] 《中国水产》编辑部. 2012 年全国渔业工作亮点回顾（二）[J]. 中国水产，2013，（2）：12-26.
[14] 李波. 关于中国海洋牧场建设的问题研究[D]. 青岛：中国海洋大学，2012.

第三章　日本海洋牧场概况

第一节　日本海洋牧场总体发展情况

一、基本概况

几个世纪以来，海洋鱼类一直是日本人食物的主要组成部分。20 世纪 50 年代初，日本由于沿岸和近海捕捞强度过大，近海渔业资源急剧减少。日本沿海城市和工业中心排放污染物造成海水污染，导致日本海域海洋资源进一步减少。

为了满足人们对鱼类的需求，日本曾派遣渔船穿越四大洋，在太平洋、大西洋、印度洋和北冰洋，进行深海捕捞。20 世纪 70 年代，国际 200 海里专属经济区划定后，日本有效渔业水域减少，远洋渔业萎缩[1]。面对形势的转折，日本捕鱼业再次把注意力转回到本国海域，如何才能重振濒临枯竭的海洋资源呢？一个最可行的答案就是建设海洋牧场。因此，日本政府相继推行了“从捕鱼业向栽培渔业发展”和“发展海洋牧场”等措施。

作为世界上最早系统地研究海洋牧场的国家之一，日本在海洋牧场建设领域进行了大量实践，积累了丰富的理论经验，其海洋牧场建设总体情况居于世界领先水平。海洋牧场建设初期，日本就针对海洋牧场设立了众多研究项目，在有关部门和单位密切地配合下，日本进行了重点经济物种的苗种生产技术、增殖技术、浅海海洋牧场建设、浮鱼礁设计开发、鱼苗补充技术的养殖资源培养技术、近海渔业资源农牧化开发等方面的研究，取得了骄人的成果。日本政府希望通过建设海洋牧场，缓解由沿岸污染加重和盲目捕捞造成的海洋资源枯竭的局面，达到提升渔业生产能力和增加渔民收入的目的，最终实现国民生活水平提高的目标。

二、发展历程

日本渔业的发展可分为两个阶段：一是以栽培渔业为主导的阶段，二是以海洋牧场为主导的阶段。

（一）1977 年之前以栽培渔业为主导的阶段

栽培渔业意指用人工孵化的方法将鱼卵培育成幼鱼后，将苗种放流到大海中，利用天然饵料，待其长成成鱼后再进行捕获的养殖方式，也被称为“资源培养型渔业”[2]。栽培渔业的思路是打破以往狩猎渔业的理念，以资源增殖的方式，实现可持续生产。

1. 栽培渔业的由来

日本人自古以来享受着丰富的水产资源并构筑了丰富且健康的食鱼文化。日本的沿岸渔业作为支撑国民生活的第一产业发挥着重要的作用。但是，水产资源因受自然环境的影响其种群结构发生了很大的变化，特别是一些需求量大的中高级鱼类资源更是呈现持续减少的趋势。

1955 年，人们对濑户内海的渔获量减少感到很困惑。因此，国家和县级渔民讨论协商后，于 1963 年创立了首家国营的栽培渔业中心，为积极恢复重要的水产资源，将濑户内海作为模范海域，以国家为主联合濑户内海周边的府县、渔业协同组合联合会开始了鱼、虾、蟹、贝类的苗种生产和放流的栽培渔业试验。对栽培渔业的构想是从狩猎渔业阶段开始，通过资源增殖，朝着稳定可持续的生产方向发展。之后，在国际性 200 海里专属经济区体制建立的潮流下，日本于 1979 年继承了以往的开发成果，谋求在全国建立栽培渔业协会，推进全国规模的栽培渔业事业的发展。从此栽培渔业在沿岸渔业的土地上扎根。目前，日本致力于栽培渔业事业的栽培渔业中心，国营的有 16 家、都道府县的有 64 家。国营的主要从事鱼、虾、蟹、贝及藻类培育的技术开发，其他中心则主要是大量生产苗种用于放流和养殖。国营的 16 家中有 6 家根据实际情况又重新将其划归于各海区水产研究所，10 家归于日本水产综合研究中心旗下的日本栽培渔业中心管辖。

2. 栽培渔业的发展过程

1952 年，日本开展了浅海增殖开发事业，它包括投设鱼礁、耕耘海底、采苗育苗和消波防浪等方面的发展。当时，虽然称为“浅海增殖开发事业”，但实际上，这已经象征栽培渔业的开始。1954 年，日本开始投放散设鱼礁，1958 年开始投放大型鱼礁。从 1962 年起，日本开始执行第一次沿岸渔场整顿开发计划，栽培渔业范围逐渐扩大，产量也逐年增加。1963年，日本成立了濑户内海栽培渔业协会，建立了栽培渔业中心事业场。从那刻起，国家便正式以濑户内海为样板，开始研究、经营濑户内海的栽培渔业[3]。

1971～1982年，日本开展第二次沿岸渔场整顿开发计划。通过执行这一计划，浅海渔场得到了进一步整顿和扩充，苗种的生产、放流和投放鱼礁等技术也迅速推广到全国。1976年又对该计划进行了修改、补充，使栽培渔业进入了一个新阶段。

日本是一个渔业发达的国家，其生产量自1972年突破了1027万t大关，至1976年为1062万t，一直居世界首位。但随着许多国家先后宣布200海里专属经济区，使日本的海洋渔业受到很大的制约。为了适应200海里专属经济区的规定，发展水产增养殖，日本制定整顿、开发沿岸渔场的基本方针。1976年，日本修订了沿岸渔场整顿开发计划。此计划是在都、道、府、县等开发沿岸渔场设想的基础上发展起来，并于1976年4月经内阁会议批准后开发执行的。沿岸渔场的整顿开发包括调查海域和发展以人造鱼礁为基础的栽培渔业，以此来推进增养殖事业，力求发展日本周围水域的渔业，加强渔业外交。随着1977年首个海洋牧场——黑潮海洋牧场的建设，日本的发展重心开始转向海洋牧场的建设。

3. 栽培渔业的组织机构

栽培渔业的开发、运营管理体制，是根据系统开发的需要逐步建立起来的。1961年以濑户内海为典型试验区时，便设置了濑户内海栽培渔业中心，从事栽培渔业的技术开发。1963年由濑户内海沿岸各县及县渔业协同组合联合会，组成濑户内海栽培渔业协会，成为主持濑户内海栽培渔业中心运营的母体，参加协会的会员在1979年达到14个县及14个渔业协同组合联合会。1973年国家开始在全国普及濑户内海的试点经验，到1983年共建立了37处县栽培渔业中心。1979年为了适应全国200海里专属经济区的总体开发，将各渔业中心以濑户内海栽培渔业协会为基础改组为全国性机构“日本栽培渔业协会”，并陆续建设了14处国营栽培渔业中心。日本的栽培渔业由水产厅领导下的“日本栽培渔业协会”统一组织管理，其机构设置情况见图3-1[4]。

4. 栽培渔业的技术开发

日本栽培渔业事业的开展是依据国家栽培渔业的基本方针来进行的。不论是过去的日本栽培渔业协会还是现在的栽培渔业部，都是栽培渔业基本技术及应用技术开发的主体，所用经费均列入国家财政预算。国营栽培渔业中心联合水产厅研究所、都道府县、大学及水产相关团体的技术力量，对放流增殖对象进行研究及技术开发，其研究的主要内容有：批量育苗技术、提高放流成活率的健苗培育技术、放流规格比较试验、放流场所、放流密度及移动范围调查、放流后成活率调查（标志放流）和放流效果证实、标志放流技术、病害防治技术、放流对生物多样性及生态影响调查等[5]。

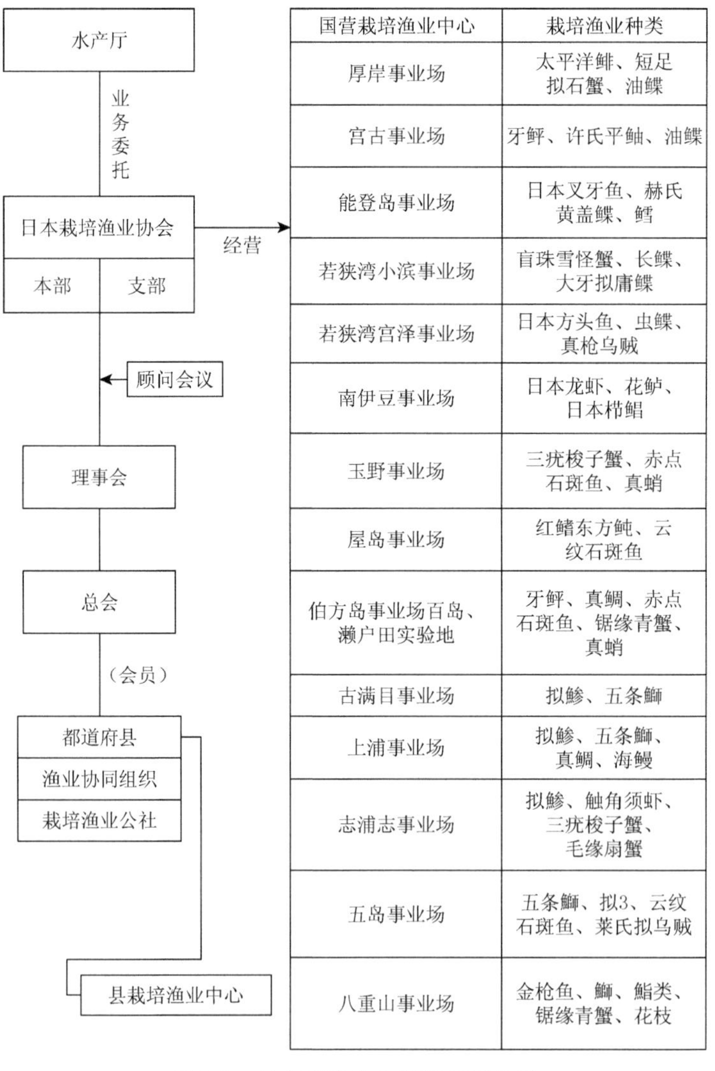

图 3-1　日本栽培渔业组织及其关系

（1）育苗技术

放流对象的人工育种技术和大批量育苗技术是研究的重点。目前，日本正在致力研究开发的主要放流对象有：章鱼、云纹石斑鱼、日本鳗鲡、龙虾、金枪鱼及海鳗等。

（2）标志放流技术

标志放流技术主要用于调查分析放流的成活率、回捕率和放流对象的活动范围，对改进苗种放流技术如适宜的放流规格、放流场所及放流密度，具有重要参考价值。常用的标志放流技术有以下几种。

第一种：异常特征。真鲷人工育苗外形与野生鱼基本相同，但人工育苗有的个体前鼻孔和后鼻孔之间的表皮有沟状连接，这就称为鼻孔沟状连接鱼。这种异常外形不因生长而变化，可以作为放流的标志。牙鲆的体色异常，人工育苗的体表皮有的呈白斑，有的呈黑斑，并不随生长而消失，可以作为放流的标志。

第二种：外部特征切除法和烙印。该方法往往用于不易标记的小型个体，如切除部分鳍和尾肢，以作为标志，曾采用切除法对真鲷和日本对虾进行放流标志。用烙铁在鱼类皮肤烙上印记的方法，常作为红鳍东方鲀的放流标志。

第三种：注入发光物质和橡胶树脂，对放流对象进行标记。

5. 日本栽培渔业的成功经验

（1）日本的自然条件和国情促进了栽培渔业的发展

日本是一个岛国，地处寒暖流交汇地带，有很多天然港湾。近岸水温为 5～28℃，透明度 3～8 m，硝酸盐含量为 0.02～0.08 mg/L，适合水生生物的繁殖与生长。同时，政府的重视，有财政保证，并拥有一套比较完整的科学研发机制，有水产厅所属的 9 个海区水产研究所负责基础研究，都道府县所设的 150 个水产试验场和分场从事地方应用研究。日本政府也很重视相关技术人才的培养，在海区水产研究所的研究人员中通常都是老中青结合，青年研究人员在老科学家的指导下，勤奋工作在第一线。由于 200 海里专属经济区的划定，严重制约了日本渔业的发展，这也刺激了日本栽培渔业的发展[6]。

（2）增养结合、多品种发展，充分利用沿海水域生产力

日本养殖场养殖的对象有鱼、虾、贝、藻类等，既有暖水性种类，也有冷水性种类。日本海洋牧场放流对象物种多样，海域环境治理有序，海域鱼类养殖的比例

正在稳步上升，海域的养殖产量在迅速地增加。截至1982年养殖产量达到93.8万t，占水产总产量的8%，产值达到4556亿日元，与1965年相比（当时产量为38万t，产值为816亿日元），这17年的时间里，产量增长1.47倍，产值增长4.58倍。

（3）基础设施齐全，测试手段先进

日本的研究机构几乎都配置了完整的内外供应设备，包括孵化、育苗、供饵、中间育成等设施，这些设备的配备已经达到了工厂化水平。研究人员只需要经过短时间的准备，即可迅速进行相关的试验研究。不仅试验的效率高、周期短，而且测试手段先进，可以自动记录、自动分析、自动计数，数据处理较快，而且精确度也较高。

（4）重视与渔民合作

日本政府重视与渔民之间的合作，提倡为渔民服务，以取得渔民的配合与支持。日本政府认为，很多技术创造来自渔民。在日本的各种渔业会议上，渔民可以提交自己的报告，同时也可以从科学家的科研中获取新成果、吸取新的知识和经验。科学家根据渔民在报告中阐述的关于生产方面的问题进行相关的课题研究，来帮助渔民解决困难，实现了科研和养殖产量共同提升的目标。

（二）1977年以后以海洋牧场为主导的阶段

随着日本人口的增多，栽培渔业较低的回捕率很难满足水产品市场的需求。20世纪70年代至80年代初，随着日本经济的快速发展和科技的进步，海洋牧场的建设提上了日程。

1. 海洋牧场的研究规划

1971年日本在海洋开发审议会上最早提出了建设海洋牧场的构想。1973年，海洋牧场的构想再次被论证。1977年日本建成了世界上第一个海洋牧场——黑潮海洋牧场。1994年作为水产厅的项目，在鹿儿岛县加计吕麻岛利用两个河口湾兴建金枪鱼海洋牧场，用于蓄养从海上捕来的幼鱼，养成亲鱼后采卵，以解决人工苗种的来源，人工育苗的幼鱼向西南海区放流。在此之后，日本水产厅还制定了长达15年的海洋牧场发展规划[1]。

日本海洋牧场的开发思路可以概述为：首先，根据海域的基本生态环境特点选择相适应的培育目标；其次，放流人工培育的苗种，适度控制、管理它们的生长和活动范围；最后，适度捕捞，获得预期的增长效益和经济效益。

2. 海洋牧场的核心技术

栽培渔业时期的放流方式采用的是直接放流，出现了放流初期损耗较大，苗种逃散，回捕率很低，以及放流幼鱼易被捕捞等问题，导致放流效果不理想。经过长时间的实践，日本提出了建设海洋牧场的计划，即放牧式地开展放流和回捕。海洋牧场的核心技术主要包括以下几个方面。

第一，渔场环境控制技术。

为了对牧场生物种群的活动进行有效管理，使海洋物理、化学、生物学的环境因素与牧场资源的生理、生态特性相适应，就必须确立可靠的控制技术。渔场环境控制技术的作用是扩展牧场生物生存空间，增大渔场环境容量，提高牧场生物生存繁衍的环境质量，为提高增养殖业生产效率奠定基础条件。例如，进行大规模人工鱼礁建设来控制渔场环境，就是这个技术的应用。

第二，资源生物管理技术。

为了人工培育、增殖海洋生物资源，以充分开发海洋中的生物资源生产力，充分利用生产力构成要素提高海洋生物资源的产量，除必须应用渔场环境控制技术改良建造资源生物的生产环境外，还需要应用生物管理技术控制资源生物的生产，使之切合渔场环境和社会生产的需求。

控制资源生产的生物管理技术，目前开发中主要依靠两条途径，一条途径是用人工苗种放流、播种，控制资源生物生产；另一条途径是控制天然苗种的生产。这两条途径都以苗种为基础，从苗种入手，管理水产资源的生产，因为水产资源的种类、质量、数量、行动、分布及产量等生产目标，都能够通过人工选择、培育、驯化、放流苗种得到实现，从而利用以苗种为生产资源的控制手段，就能把水产资源的生产，置于人工管理之下得到有效控制。一般对价值高的目标资源，特别是鱼类、甲壳类中较珍贵的适合企业经营的品种往往采取第一种途径生产；第二种途径，往往用于基础性的目标资源，如双壳贝、软体动物之类的培育。

3. 政府的大力支持

日本政府自 1977 年以来，将海洋牧场的建设作为国家事业积极推进。除组织科研院所进行相关技术研究外，还在各地进行实证试验。并于 20 世纪 70 年代初开始开展大规模人工鱼礁渔场和养殖场的建设事业，截至 20 世纪 90 年代日本已建成人工鱼礁生息场（渔场）7000 多处，有效地保护和增殖了近海渔业资源。为配合海洋牧场的建设发展需要，1980～1988 年日本政府组织了包括国际研究机构、地方实验场、大学及民间企业在内的众多研究力量进行大量的课题研究。在海洋牧场建设前期，日本政府以试验为目的进行了大量的投资，在课题及技术研究经费、人工鱼礁建设资金投入方面给予了大量支持。到后期，日本政府鼓励企业充分发挥带动作用，重视企业与渔民收入的合理分配，鼓励渔民积极参与到海洋牧场的建设中。

4. *海洋牧场建设成效*

第一，有利于修复渔业资源，改善捕捞质量。

随着海洋牧场技术的发展，实验开发成果日益显现。海洋生态环境一度遭到严重破坏的濑户内海成为日本增殖型渔业的综合开放区域，其面积为 1.8 万 km^2。在开发实验之前，全海域的水产品年产量为 20 余万 t，经过实施渔场环境整备、生产渔场建设及人工育苗的放流等措施，这一海域的渔业生产增速越来越快，1963～1969 年，平均年增产 1.5 万 t；1969～1978 年，平均年增产 3.9 万 t；1978～1982 年，平均年增产 13 万 t。1982 年的渔业总产量高达 125.2 万 t，濑户内海已变成名副其实的海洋牧场。不仅如此，由于开放型的海洋牧场设施环境（人工鱼礁等）的引诱，其他物种也有不同程度的增加，成为真鲷海洋牧场的副产品。此外，日本北海道的两大名产鲑鱼和扇贝，在增殖型渔业开发过程中，从年产量不足 6 万 t，发展到年产量 28 万 t 的高产水平[7]，这都是依靠海洋牧场技术的应用所取得的成果。现今，北海道的这两种渔业资源的生产已经完全实现了人工管理和控制，成为可以进行人工生产的资源。

第二，保护海域环境，实现资源的可持续利用。

建设海洋牧场是通过鱼礁的建设、藻类的移植和增殖，建立海底森林，从而营造一个适宜海洋渔业资源栖息的生态环境的过程。传统海水养殖模式存在弊端，工厂化养殖用水更换频繁，水体利用一次就排放，不仅造成水体浪费，而且废水排放入海，对海域环境造成了污染；近海网箱养殖由于经常使用药物防治疾病，污染了海水，同时为追求经济效益最大化而大量投放饵料，以及鱼虾等生物的大量排泄物淤积在近海周围，导致了水体富营养化现象严重。

海洋牧场本身是一种生态养殖模式，利用海洋的自我净化能力，再加上人为地进行环境监测和管理，在生态养殖过程中以海洋的承载力为参考，从而实现合理利用海洋资源，保护海洋环境的目的。同时，在已经受到污染的海域，通过建设海洋牧场，还可以改善海域环境。海洋牧场周围会有大量的藻类及附着的微生物，藻类对水体有非常明显的净化作用，微生物又可以消除污染水域的氮磷无机物，同时又为鱼虾提供食物来源，实现了消除污染、净化海域环境的功能[8]。

第三，优化产业结构。

建设海洋牧场增加了海洋渔业资源，带动海洋第一产业的发展，同时也带动了海洋服务业的发展。海洋牧场建成后，近海生态环境得到了修复，渔业资源得到了增加，可以充分利用这些条件，开展海上观光旅游、垂钓、海底潜水等海洋第三产业。近年来世界上很多国家的海洋牧场开始向观光、休闲旅游的方向发展，赢得很多游客的青睐。这说明海洋牧场的建设对于促进海洋第三产业的发展有着非常重要的意义。近海渔业资源减少后，许多以捕捞为生的渔民的生计受到了严重影响，而通过入股方式，让渔民参与到海洋牧场的建设当中，可以享用渔业资源恢复带来的经济效益。可见，建设海洋牧场不仅对海洋资源的保护有益，也解决了沿岸渔民的就业问题。

5. 海洋牧场管理模式

日本行政机构在 2001 年进行调整后，设立新部门——国土交通省来进行海洋事务的管理[9]。它下面仍有一些分权部门来负责海洋管理事务，从而最终形成了日本的高级别-分散型海洋管理模式[10]。

（1）高级别-分散型海洋管理模式的特点

通过对日本海洋管理模式的研究，可得出高级别-分散型海洋管理模式的特点（图 3-2）。

由图 3-2 可知，高级别-分散型海洋管理模式的特点：①部门级别高（如国土交通省、建设省）；②设置了海洋政策部门（如综合海洋政策本部），制定了完善的法律体系（如《海洋基本法》），出台了大量海洋综合法规；③由统一制海上执法队伍（如海上保安厅）实施统一执法；④注重从生态方面对海洋做整体性规划。

（2）高级别-分散型海洋管理模式的生态措施

以日本的海洋生态措施为例，日本的环境生态保护主体目前呈现“三元式”的结构形式[11]，即政府、企业和公众三者一体，通过互相配合、互相监督、互相协作的方式，形成污染防治及环境保护相协调的立体化环保模式，这种形式有以下特点。

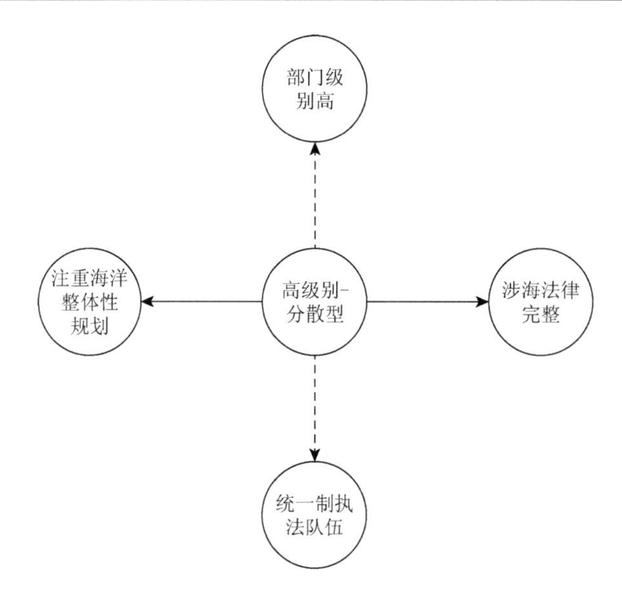

图 3-2　高级别-分散型海洋管理模式特点图

第一，政府通过海洋生态法律法规的制定，引导民众进行海洋生态建设。如日本政府制定的《海洋基本法》中明确要求：保护生物多样性、保护良好的海洋环境；对海洋进行开发、利用的活动，必须保护海洋环境，以实现海洋可持续开发。

第二，政府通过经费投入、科学技术研发、环保技术革新等方式来降低能源消耗量，减少对海洋生态系统的污染。据统计，2000～2008 年日本环保经费从 5326 亿日元增至 22 141 亿日元，年均增长率达到 19.49%。2006～2008 年日本环境省的科技经费从 289.4 亿日元增至 330.8 亿日元，年均增长率为 6.92%。

第三，企业、公众和民间团体共同节能减排，加强海洋生态环境建设和提高资源利用率。如日本三菱重工就通过发动机节能技术、螺旋桨新技术、太阳能照明等技术手段来提高渔船能源利用率，从而为海洋生态的持续发展做出贡献；日本民间团体更是主动宣传海洋环境保护和资源持续开发的理念。

三、空间分布

日本是一个海洋国家，四面环海，其海洋经济对国民经济和社会发展具有重要的支撑作用。日本也是一个群岛国家，被鄂霍次克海、日本海、东海和太平洋所包围，这些海域特征各异，在不同的海域聚集的浮游生物都有所不同，可以据此在不同的海域建设不同类型的海洋牧场。

日本海位居中纬地带，海域南北纵向分布，具有从低纬度向高纬度过渡的特性。海域具有从南部亚热带到北部亚寒带的不同的自然景观，可以建设成休闲观光型海洋牧场，让游客们进行海底潜水，观赏海底世界。日本海因有寒暖流交汇，海洋生物种类较多，在对马暖流前缘和西部利曼寒流前缘及沿岸河口附近，盛产沙丁鱼、鲭、墨鱼和鲱鱼等海产品。1978年，日本在长门海域开始建造长门海洋牧场。长门海域拥有仙崎湾、深川湾、油谷湾等理想的仔稚鱼的育成场，外海又有对马暖流及大量的天然礁石，这都是形成渔场的优良条件。因此，在长门海域建成了以鱼类养殖为主的养殖型海洋牧场。

东海位于亚热带，年平均水温20～24℃，年温差7～9℃。广阔的东海大陆棚海底平坦，水质优良，又有多种水系交汇，为各种鱼类提供了良好的繁殖、索饵和越冬的条件。日本长崎市海洋牧场面向东海。水产养殖和捕捞渔业十分发达，也是海洋旅游观光圣地，了休闲观光型海洋牧场。

太平洋中生长的浮游植物或海底植物及鱼类比其他大洋都要丰富。海洋渔获量占世界渔获量一半以上。太平洋的动植物种类有近十万种，主要生活在大洋表层，尤其是边缘带。太平洋众多的海藻为近海动物提供了充足的饵料。世界上第一个海洋牧场就建设在日本四国高知县的太平洋侧的日本暖流处，即黑潮海洋牧场，由于该海域盛产金枪鱼，而它又是日本人喜欢吃的鱼类之一，所以把这个海洋牧场建设成了金枪鱼海洋牧场。在九州大分县海洋牧场主要放流的对象是真鲷，就在附近的海域建设了真鲷海洋牧场。

鄂霍次克海的海水营养盐含量很高，而且海域周围气温较高，非常适合海洋生物的繁殖。此海域海洋生物种类繁多，浮游植物量达20 g/m，主要是硅藻门，其次为甲藻。浮游动物的生物量，某些地区可达1～3 g/m，其经济价值很高。底栖生物全海区的总生物量达2亿t，所以在此海域建成资源增殖型海洋牧场。

四、初期发展思路

自20世纪80年代开始，日本整合了36个学院、官方和私人机构的研究力量进行海洋牧场项目研究。该项目分三个阶段，以建立“多种资源复合养殖体系”

为基本目标，通过整合生物学、物理学和工程学的内容，试图通过一个综合方法来改善整个海洋生态系统的环境，从而创建更有生产力和易于管理的水产养殖区域。研究的技术成果用来优化包括海水洋流和野生藻类等在内的生态系统组成结构，营造更符合海洋植物、动物和海洋自然规律共生关系的环境[12]。总体上，日本海洋牧场初期的发展思路，可以分为三个阶段、五个策略（图 3-3）。

与此同时，日本海洋牧场建设重视规划体系和立法体系的保障作用，在进行上述规划研究的同时，日本政府还设立了相关的组织机构并制定了相关法律措施，在各都、道、府、县均设立栽培渔业中心，加大装备保障力度。在制定了《沿海综合治理法》的同时，对日本栽培渔业协会进行了改组，并在沿海综合治理规划中增加了栽培渔业相关的内容。

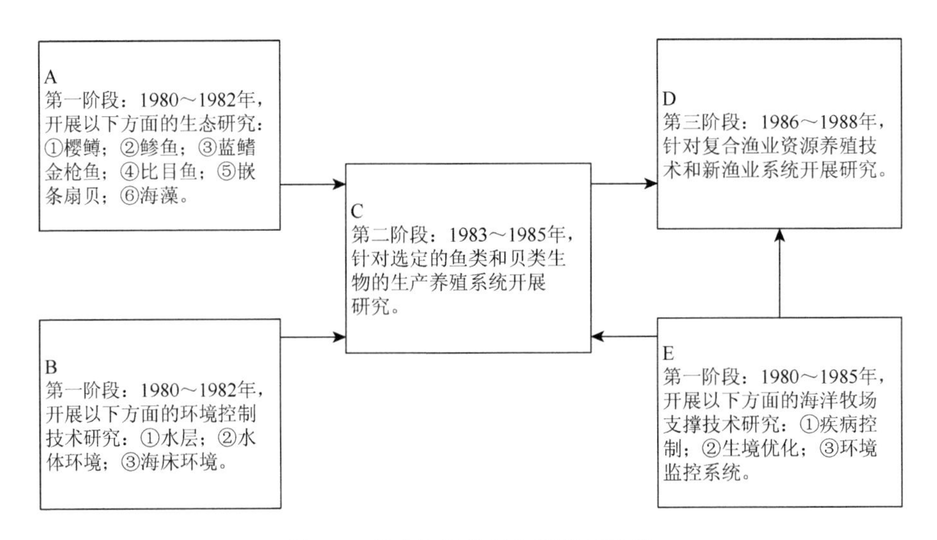

图 3-3　日本海洋牧场初期发展思路

日本关于海洋牧场建设框架设计的特点主要包括以下几个方面。①将海洋牧场的构想与海洋土木工程等有关海洋开发建设技术的研究相结合，并在海洋技术论坛里把海洋牧场研究分为若干技术专栏，细化技术要点；②在海洋牧场建设中注重发挥音响和饵料投放在增殖放流后对鱼苗的驯化作用；③将浅海增殖和鱼苗放流作为海洋牧场开发的先行项目，在浅海增殖实践中重视水产土木工程研究和生物学研究的结合，注重把各个相关领域的尖端技术引入到海洋牧场的建设中来；④注重资源管理业务在海洋牧场建设中的应用；⑤海洋牧场的建设是实践性很强的技术，应充分发挥渔民主观能动性，充分利用渔民丰富的实践经验；⑥海洋牧场的研究成果具有较强的公益价值，海洋牧场建设的通用技术应向渔业个体户广泛普及；⑦海洋牧场必须在生态知识的积累和洄游鱼类研究的基础上建立起来；⑧海洋牧场及其技术的研发应科学地制定规划，有步骤、有重点地进行开发；⑨将海洋牧场建设与海域生态环境综合治理有机地联系在一起，会起到事半功倍的效果。

五、建设特征分析

通过总结日本在建设海洋牧场中的实践经验，可以看出日本在海洋牧场建设方面有以下特点。

1. 规划先行

通过总结日本海洋牧场建设中的实践经验，可以看出日本在海洋牧场建设研究的过程中非常重视规划的作用。在正式启动建设海洋牧场之前，首先是整合政府、企业和科研院所的研究力量，经过仔细的论证，确定一套科学有效的建设规划，然后再严格执行制定的规划。科学的规划和严格的执行，是日本海洋牧场建设取得显著成果的坚实基础[12]。

2. 目标明确

日本在海洋牧场建设项目开展初期，便有明确的建设目标，并且均以海洋生态修复为基础，在此基础上追求重点经济鱼类的增养殖效果，从而将提高捕捞渔获物产量的短期效益和大幅提升海洋生产力的长远效益有效地结合。

3. 循序渐进

海洋牧场作为一种面向未来市场的渔业产业模式，需要多种自然科学和管理科学的技术支撑。因此，海洋牧场在建设初期具有较高的技术风险。为此，日本在推进海洋牧场建设的过程中，均采用分步实施、逐步深入的建设方式，从具体某种鱼类的海洋牧场放养技术到几种物种组合放养技术，从增殖放流到音响驯化，由增殖放流到投放人工鱼礁，直至最后的海洋牧场建设阶段，均分为几个专项逐步实施。

第二节 日本海洋牧场建设机构

1985年，日本提出以水产厅振兴部为中心推进近海水域综合整备开发的构想，并成立“沿岸渔场整备开发及推进栽培渔业协商会”。1986年提出“集中民间的技术开发力量和地方海洋开发要求及渔民的创造性研究，通过推进沿岸整备、栽培、养殖等技术革新，成立促进日本200海里内的渔业发展研究会构想”。为推进该构想的实施，又成立了“200海里渔业开发推进委员会”，以民间企业为中心，聚集会员参加各种研究会。并于同年10月召开由水产企业、渔民团体、都、道、府、县和125个会员组成的总会成立大会。为促进日本200海里专属经济区水域渔业开发，成立了由产、学、政（府）参与的研究开发组织——21世纪海洋论坛[13]。

21世纪海洋论坛是日本为开发渔业资源增殖新技术，探索如何建设理想的沿岸渔业而设立的社团法人，下设8个研究会，组成18个集团，每个集团组织召开以实施水槽试验和掌握渔业现状为目的的现场研讨会。同时以面向21世纪的水产业为中心，在沿岸水域的综合整备开发构想基础上，于1986年开始探讨海域开发的可能性。

从21世纪海洋论坛主要推进工作来看，利用1986～1990年5年时间推进音响投饵型海洋牧场建设，于1988年实施第三次沿岸渔场整顿开发计划，并且组织以外海养殖方式的技术开发为目的的大型课题研究，在1989年开始实施水产资源高度利用的研究，并成立“未利用资源的有效利用方式开发研究会”。与此同时，在1990年开发利用地区环境栽培渔业等效率化技术。

1991～1995年组织实施沿岸地区功能恢复和增养殖场环境改善研究，1991年在水产厅的指导下，新成立“海域环境保全技术开发研究会”，同时将“大规模泥沙区渔场建设开发研究会”与“渔场设施开发研究会”合并，成立“沿岸渔场建设技术开发研究会”。该研究会追加实施人工涌升（人为地使营养盐丰富的深层海水升至表面，在此区域使浮游植物及海藻茂盛生长，以此为饵使各种海洋生物增殖）开发事业和地方水产加工业高度化技术开发，1992年开始开发高洄游性鱼类的养殖技术体系（表 3-1）。2000 年以后没有关于海洋牧场新机构建立的原因是，在 20 世纪末的时候，日本海洋牧场的建设规划已基本完成，日本在海洋牧场方面的建设重心开始发生转移。日本在 2000 年初开始研究，如何在现有人工鱼礁的基础上，通过新技术的研发来增加浮游植物、浮游动物、鱼虾贝类及藻类的产量。最终，日本研制出一种动力系统，该系统可将深水层的营养物质运输到表面水层，这样就可以达到预期的目的。最初日本在九州岛，水深大概在 130 m 的海域，建设了人工山脉，然后将研制成功的动力系统投入到水深 130 m 的位置，经过一段时间的跟踪调查，结果显示各种资源大幅度增加。这说明，如果海洋牧场所在海域的海水深度达到 100 m 以下，就可以利用这个动力系统，将底层丰富的营养元素运输到表层。这样的方法就是利用自然界的力量来改善自然，不仅成本很低，效果也很明显。

表 3-1　日本海洋牧场建设机构

时间	机构名称	职责
1985 年	沿岸渔场整备开发及推进栽培渔业协商会	以水产厅振兴部为中心推进近海水域综合整备开发
1986 年	200 海里渔业开发推进委员会	集中民间企业的技术开发力量和地方海洋开发要求及渔民的创造性研究，推进沿岸整备、栽培、养殖等技术的革新
1989～1990 年	未利用资源的有效利用方式开发研究会	开展水产资源高度利用的研究，开发利用地区环境栽培渔业等效率技术
1991～1992 年	海域环境保全技术开发研究会	开展沿岸地区功能恢复和增殖养殖场环境改善的研究，开发高洄游性鱼类的养殖技术体系

第三节　黑潮海洋牧场

日本把海洋牧场作为海洋渔业的重要发展方向，根据海洋牧场建设计划，首先建成世界上第一个海洋牧场——黑潮海洋牧场。根据海洋牧场建设的理念对濑户内海进行有效的改造，建成多处海洋牧场，使 9500 km^2 的渔场产量增加几倍甚至几十倍，成为海洋牧场建设的成功范例。日本在这一领域一直处于国际领先地位（图 3-4）。

图 3-4　黑潮海洋牧场

资料来源：http://image.baidu.com/search/detail?ct=503316480&z=0&ipn=d&word=日本海洋牧场&step_word=&hs=0&pn=1&spn=0&di=62153099580&pi=0&rn=1&tn=baiduimagedetail&is=0%2C0&istype=0&ie=utf-8&oe=utf-8&in=&cl=2&lm=-1&st=undefined&cs=4188301054%2C3787142466&os=3808220854%2C2195660307&simid=4029692041%2C724822803&adpicid=0&lpn=0&ln=1178&fr=&fmq=1474650957048_R&fm=&ic=undefined&s=undefined&se=&sme=&tab=0&width=&height=&face=undefined&ist=&jit=&cg=&bdtype=0&oriquery=&objurl=http%3A%2F%2Fwww.qdio.cas.cn%2Fxwzx%2Fkydt%2F201607%2FW020160727330958870964.png&fromurl=ippr_z2C%24qAzdH3FAzdH3Fooo_z%26e3Bq1t5_z%26e3Bvwf_z%26e3BvgAzdH3FxozxAzdH3Fhy1pAzdH3Fda8ma0AzdH3Fpda8ma0d0_9m9c0ba_z%26e3Bip4s&gsm=0&rpstart=0&rpnum=0

一、地理位置

黑潮，是指北太平洋副热带总环流系统中的西部边界流，即日本暖流。黑潮由北赤道发源，经菲律宾，紧贴中国台湾东部进入东海，然后经琉球群岛，沿日本列岛的南部流去，于东经 142°、北纬 35°附近海域结束行程。其中在琉球群岛附近，黑潮分出一支进入中国的黄海和渤海，位于渤海的秦皇岛港冬季不封冻，就是受这股暖流的影响。它的主支向东，一直可追踪到东经 160°；还有一支先向东北，与亲潮（千岛寒流）汇合后转而向东。黑潮的总行程有 6000 km。黑潮具有流速强、流量大、流幅狭窄、延伸深邃及高温高盐等特征。这里的潮即水流，其水色深蓝，远看似黑色，因而得名。黑潮与气候关系密切，日本气候温暖湿润，就是受惠于黑潮的环绕[13]。

“黑潮牧场”构想来自于日本四国高知县的太平洋侧有黑潮流经的地理条件，它使近海海域水温、盐分、流速均比沿岸海域高出很多。可将这种天然屏障作为海洋牧场的围栏，从沿岸到黑潮流经为止的区域称“黑潮牧场”。

二、环境条件

高知县是日本水产大县，为增加沿岸水产资源，在日本组织实施的海洋牧场建设计划（1977～1987年）中，高知人充分利用该地区的地理条件，建成世界上第一个海洋牧场——黑潮海洋牧场。该区域从沿岸起至水深30 m为止的海域，主要放流底栖性贝类及甲壳类，有九孔鲍、文蛤、龙虾等。在水深200 m处以小型洄游鱼类为放流对象，并设置人工鱼礁，形成鲹、青甘等的饲养型渔场，同时向外延伸至黑潮边缘，设置以鲣、鲔等大型洄游鱼类为对象的多功能大型浮鱼礁，吸引洄游鱼类觅食，实现海洋牧场的生态效应。

三、开发状况

1. 设立环境监测基地

在黑潮海洋牧场海域建设了三处海上卫星基地及观测浮标系统基地，使其具有观察海洋牧场内鱼群活动、监测各种海域情报、水文现象及收集黑潮南部海域环境情报的定点观测功能。包括卫星基地和观测浮标系统在内的海洋牧场建设的基地有：黑潮流系鱼种的水产情报发报基地、黑潮流系鱼种的捕捞情报发报基地、水产仿生学研究基地、海洋工学研究基地、海洋娱乐基地、海水溶解资源（金、铀、重水等）的采集和研究基地及黑潮流系海洋民俗等资料的收集和研究基地[14]。

2. 积极利用黑潮

有效地利用黑潮具有的生物生产功能、净化功能及海洋功能，充分利用这一海域的自然环境。具体说来，包括在金枪鱼培育过程中营养盐丰富的深层水利用、冷海水在内的黑潮及吐噶喇列岛海域各种特征的利用，以及海洋温差发电、海流发电等黑潮能源的利用等。

四、关键技术

黑潮海洋牧场作为世界上第一个海洋牧场，在海洋牧场技术的研发方面仍存在很多欠缺，在海洋牧场建设中主要运用的技术包括以下几种。

1. 增殖放流技术

增殖放流是从鱼类死亡率最高的不同阶段——卵、仔、稚、幼鱼的生长发育入手，在自然繁殖的基础上，采用人工培育、放流的方法，有效地提高种群的补充数量，以达到资源恢复的目的。增殖放流涉及水域食物链重组的问题，应当根据水域食物链各级生产力之间的关系，选择更能直接有效地转换成终极水产品的适宜放流种类，并通过增殖实验不断扩大放流规模并有目的地增殖不同品种，从而大幅度地提高渔业资源的数量和质量。增殖技术主要研究内容包括：鱼类人工繁育技术、增殖放流品种的选择、放流时间和海区的选择、放流苗种大小的选择、放流数量的确定及增殖效果评价等[15]。

日本是渔业资源增殖先驱者，它的渔业增殖放流技术从技艺经验到技术科学，已经经历了300多年的历史。日本从1961年就开始在全国范围内有组织地开展有关水产养殖的试验研究，同时设立了濑户内海栽培渔业中心，作为国家委托事业，开始承担苗种生产、放流技术的开发工作。经过多年的实践表明，渔业资源增殖放流是恢复水生生物资源的重要手段。加强资源增殖放流对恢复渔业资源、提高渔业产量和质量有着重要意义。

2. 苗种培育技术

苗种培育技术是人工培育事业中最通用、最基本的技术之一。因此，能否掌握苗种培育技术，是水产资源开发成败的关键。

苗种培育技术分为全人工培育技术和半人工培育技术两大类。全人工培育技术是指从亲体生物的养成，直到培养出可用于人工放流和播种的苗种为止的技术。全过程在人工的培育技术控制之下完成。一般的培育流程是：亲体养成→性腺发育控制→排卵、采卵→受精→孵化→幼体培育→苗种中间培育→放流、播种。每一步程序都有技术的控制和保证，包括水质、水流、温度等环境理化条件，以及饵料、药物、培育设备系统及饲养管理技术等。半人工的苗种培育技术，是在苗种培育的全过程中，有部分生活阶段在人工的培育技术控制下进行的，如人工采集受精卵或生物幼体后，在人工控制的条件下培育成可利用的苗种即属于半人工的苗种培育。显然，如果有自然发生的大批量幼体可以采集培育，实施半人工的苗种培育技术，在实际应用中技术更简便，成本更低廉。但是如果天然苗种不易采集培育，或者没有足够的苗源可供采集，则必须靠全人工的培育技术进行人工苗种的培育。

3. 人工鱼礁建设技术

人工鱼礁是日本建设海洋牧场工程的主要组成部分。人工鱼礁建设作为治理沿岸渔场的一项有效措施，被广泛采用之后，对日本渔业的发展起到了很大的促进作用。建设人工鱼礁促进了由捕捞渔业向资源管理型渔业的转化。人工鱼礁的礁场不但能起到扩大鱼、贝类产卵场的作用，而且还能保护放流的鱼、虾、蟹、贝类等的幼苗，使人工增殖资源和捕捞生产密切结合。人工鱼礁的建设，控制了底拖网捕捞的方式，恢复和发展了竿钓、延绳钓、刺网等捕捞的方式，促进了渔业的可持续发展。日本渔民普遍认为，人工鱼礁的集鱼效果明显，提高了捕捞作业的效率，而且渔船也可以有计划地轮番使用渔场。可见，人工鱼礁的建设对促进日本海洋牧场捕获量的增加具有关键意义[5]。

五、管理水平

1. 加强对水资源养护事业的统筹管理

黑潮海洋牧场是把苗种生产、渔场建造、苗种投放、培育管理、环境控制等广泛的技术要素加以有机组合的管理型渔业。在海洋牧场和沿岸生态系统急需恢复的区域内使用选择性渔具（如钓具）、设定作业时间或特别管理区域，或者结合多种管理手段，确保水资源恢复，从而建立起可持续的渔业生产体系。

2. 加强捕获量的限制

在海洋牧场建设期间，除许可渔业、区划渔业和滩涂体验、休闲渔业等生态体验行为之外，禁止一切渔业行为，并对禁止捕捞的时间及禁止捕捞生物的体长和年捕捞量均作出明确规定。一段时间之后，严格管理的海域的渔获量将会有大幅提升。可见，严格的管理制度对海洋牧场建设初期的重要性。

第四节　九州大分县海洋牧场

大分县作为日本的传统渔业产区，面临着渔业资源枯竭、渔业经济效益低下、渔民转产转业困难等问题。海洋牧场建设是实现海洋开发事业基本计划的重要一环。日本利用声学技术、电子技术和工程技术在大分县上浦町湾进行真鲷人工养殖，通过建设海洋牧场来实施真鲷幼稚鱼放流、培育、音响驯化、音响投饵等人工控制行为，促进渔场资源的管理，进而提高海洋生产力。

一、地理位置

九州大分县海洋牧场位于日本臼杵市、津久见市的对面，靠近日本南部海域。九州大分县海洋牧场的建设得到政府的认可，将该县作为此海洋牧场的主体，在佐贺关、臼杵市、津久见市保护岛海域设置音响投饵浮标，投放滞留礁、诱导礁，建成了真鲷海洋牧场。

二、环境条件

大分县的海岸线总长为 750 km，面向濑户内海，北部为浅海岸，中部是波涛平稳的别府湾，南部是里阿斯式的海岸线，海岸线的变化也赋予了该海域水产资源多样性的特征。这片海域海水清澈，捕捞、养殖等水产业发达，分布着多种水产资源。海水养殖渔业有鲆鱼等硬骨鱼；海洋渔业的大虾、鲻鱼类的捕获量居全国第一。同时该海域水温较高，盐分 33 g 左右，海水流速较快，适合多种鱼类栖息。

三、开发状况

九州大分县海洋牧场是试验研究领域的一项重要事业，它是以大分县为中心，与 7 个民间企业组成的海洋牧场开发协会形成一个整体。1981 年开始建设，首先是经过研究确定为以真鲷为对象的沿岸水域渔业资源管理。这一海洋牧场在计划阶段就得到了社团法人——日本产业机械工业会的大力支持，在实施阶段又得到财团法人——机械系统振兴协会的大力支持，从而加速了项目的实施进展[13]。

大分县面向四国岛的佐伯湾，从 1973 年开始实施真鲷放流开发试验，放流后的回捕率明显提高。后来又在水产试验场进行音响投饵驯化研究。1984 年海洋牧场音响投饵系统（海洋牧场 1 号）研究成功后，在上浦町、鹤见町和津久见市保护岛海域，建成世界第一个音响海洋牧场，即在开放的海域以真鲷为对象，经过音响驯化后放流入海，并通过音响驯化设备管理水产资源。这种养殖方式的优点是放流鱼类能大范围游动，索取海洋浮游生物，长势较快，味道胜过网箱养殖鱼类；同时不用网箱，不用筑堤，节省人力资源。一组自动化电子装置，可控制浮标半径 1 km、水深 20～30 m 的海域。其试验结果是：该海域的真鲷数量增加了 10%以上，牙鲆数量增加了30%以上，许氏平鲉数量增加了100%，定居性品种效果更好。

九州大分县海洋牧场的苗种由大分县渔业公社培育，一般在4～5月份采卵，将真鲷养到20～30 mm后，大约7月份分发到各海洋牧场执行委员会。由该委员会中间育成2～3个月，待长至10 cm左右，在放流前10天开始音响投饵驯化。被驯化的真鲷在9月份放流到各海洋牧场，通过音响投饵浮标进行管理。音响投饵按季节调整，每天投饵约15 kg。

四、关键技术

九州大分县海洋牧场是世界上第一个装配音响驯化系统的牧场，在建设过程中主要运用的技术包括以下几种。

1. 中间育成技术

人工育成的幼苗对自然环境的抵抗能力及躲避敌害的能力都比较弱，如果直接将人工育成的幼苗投放入海，那么其死亡率必然很高，也就意味着海洋渔业的产量会下降，由此可见中间育成技术在海洋牧场建设中的重要性。

鱼、虾、贝类等的中间育成技术就是将幼鱼、稚贝等在水槽或海中的网箱内进行饲养，直到达到养殖及增殖放流的规格（1～2 cm），将其放流入海。在九州大分县海洋牧场采用中间育成技术，取得了较好的效果。

2. 海藻床建设及光导技术

改良底质培植海藻的海藻床的建设已经在日本大规模的开展。与此同时，日本正在进行利用光导纤维将阳光引入海底的试验。光导纤维的导光性强，能将阳光有效导入海底照射海藻，以更好地促进海藻的生长繁殖。

3. 音响驯化技术

日本的音响驯化技术研究一直处在世界的前列，音响发生器及自动投饵装置已经开始商业化生产。九州大分县海洋牧场主要放流品种为真鲷，建成了真鲷海洋牧场。例如，将真鲷苗种投入网箱后，用30 Hz的间断性音频，每天在投饵的时候播放。真鲷在第4天出现条件反射现象，一周以后条件反射现象更为明显。61天后，将叉长92 mm的11万尾黑鲷装上标志后，随网箱拖至放流地点，用音响投饵装置驯化6

天后放流出网箱，放流后投饵装置照常工作，但投饵量减少至原来的1/5，让幼鱼多摄食天然饵料。经过一年后开始回捕，回捕率可达到 37%左右。可见音响驯化技术在海洋牧场建设中的重要性。海洋牧场中音响驯化系统的技术路线如图 3-5 所示[16]。

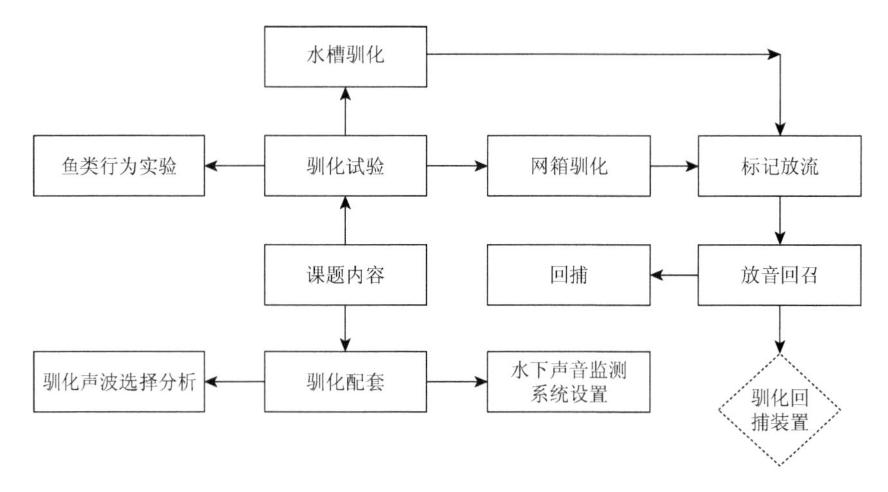

图 3-5　基于海洋牧场音响驯化系统的技术路线图

五、管理水平

九州大分县海洋牧场采取设定禁渔期、设定渔业权、限制渔具和渔法等管理措施。根据海洋牧场实际的调查结果，决定作业时间、作业船数、作业期限、渔获量和体长等细节。另外还有很重要的一点，就是渔民自己成立委员会，制定管理方案，即渔业协同组合联合会每年通过自己的规定，自律管理资源。如果渔民违反渔业协同组合联合会决定的事项要予以罚款处罚，但这种情况几乎没有发生。

海洋牧场的采捕规定大部分鱼类体长限制在 12 cm，对象海域内的捕捞方法大部分限于垂钓渔业，不允许使用网具捕捞。特别是真鲷在对象海域内 25 cm 以下禁止采捕。

六、经验借鉴

以上介绍了九州大分县海洋牧场的基本情况，但就每一系统来说，还存在不少在物理学与生物学上未说明的事项。但目前还没有涉及这方面的内容，仍有待今后的试验和论证。从已经建成的九州大分县海洋牧场这一角度出发，在海洋牧场的建设、应用方面需要注意的地方有以下几点[17]。

第一，场地的选择。从大分县过去的试验结果来看，海洋牧场的选址应该在沉降海岸的湾顶部、养殖筏附近，湾口的水深较深（30～60 m），陷入到湾内部；选择的场所冬季水温不可太低（10℃以上）；场地的选定必须要与真鲷（放流鱼种）的生态习性相适应。

第二，场地的保障。要征得都、道、府、县渔业协会的同意，还要征得当地居民的同意，否则就会阻碍建设的进程。

第三，渔业权的归属。渔业牧场的建成具有共同渔业权；在大分县作为第三种投饵渔业，以真鲷、三线矶鲷和竹荚鱼为对象鱼。

第四，渔业秩序的维持。要防止违禁捕捞，完善监测体制。

第五节　长崎市海洋牧场

由于海洋渔业受到200海里专属经济区的限制，以及近海渔业资源出现衰退的情况，长崎乃至日本在力争调整稳定海洋渔业的同时，紧紧围绕品种选优、人工育苗、增殖放流、配合饲料、养成技术、保鲜加工和产品流通等方面进行了研究，已经取得了新的进展。可见，日本在渔业调整中，振兴沿岸、近海渔业资源的对策和转向海水增养殖业是有成效的。

一、地理位置

长崎市是长崎县政府所在地，位于长崎半岛西端，三面环山，一面向海。长崎市是日本锁国时代少数对外开放的港口之一，是一个交通枢纽城市，英国、葡萄牙、荷兰都是通过它与日本有了密切的往来。长崎市临近海洋，并有悬崖地形，自然风光美不胜收，再加上温泉，令人流连忘返。

长崎市海洋牧场水产养殖和捕捞渔业十分发达，是海洋旅游观光圣地。

二、环境条件

长崎自然条件好，海岸线曲折，东面有岛原半岛与有明海相对，南面的野母半岛面对着天草滩，西面的五岛列岛距海岸102 km，西北部的壹岐、对马分别距海岸 143 km 和 196 km，形成了一个半岛，港湾众多，渔业条件优越。此外，长崎市气候属典型的海洋性气候，温暖多雨，冬暖夏凉，年平均气温为 18℃，年降雨量 1464 mm。除了山岳地带以外，大部分地区都为温暖多雨的海洋性气候。长崎市海洋牧场所在海域的全年温度也比较高，很适合建设海洋牧场，主要放流品种是真鲷、许氏平鲉及牙鲆等。

三、开发情况

日本从 1991 年开始推进橘湾水产综合开发事业[13]。通过在面向外海的纲场湾地区设置浮式消波堤形成较大的平稳区域，集中推进增养殖场的整顿，并采用音响驯化系统等新技术建设海洋牧场（图 3-6）。

图 3-6　日本长崎市海洋牧场音响投饵系统[13]

长崎市海洋牧场是橘湾水产综合开发事业的组成部分。长崎市为海洋牧场建设的主体，1993 年开始进行基础调查，1994～1996 年被列为国家第四次沿岸渔场整顿开发计划，总投资 2.87 亿日元，主要分为音响强化系统（音响投饵浮标一座，自动测量仪一台）和人工鱼礁设施（保护育成礁、诱鱼礁、滞留礁），1996 年开始设置并试运转，1997 年正式运行。1996 年放流真鲷 2.2 万尾，后来持续放流许氏平鲉、牙鲆等品种。同时，为保护海洋牧场设施及增养殖渔场，在海洋牧场外侧设有辅助消波堤，1993～1995 年设置三座消波堤，项目投资 31.18 亿日元。

长崎市海洋牧场捕捞作业类型为小型拖网、刺网或小型定置网。其放流品种为真鲷、许氏平鲉及牙鲆。因为这些放流品种的活动区域不同，所以它们之间没有竞争。为加强海洋牧场的资源管理，建立海洋牧场保护区制度，在纲场湾内设置的音响投饵浮标半径 150 m 内禁止作业。同时，为提高海洋牧场的利用率，对设置在海洋牧场海域外侧的两座浮式消波堤安装安全设施。

四、关键技术

长崎市海洋牧场在建设的过程中，主要运用的海洋水产技术主要包括以下两种。

1. 放流品种的行为控制技术

利用高科技手段，建立放流品种的行为驯化系统，以行为学理论为基础，从声、光、电、磁等物理手段与鱼礁和饵料等生物方法相结合驯化放流品种，使其从发生到捕获始终受到有效的行为控制；开发限制其活动范围的环境诱导技术，如气泡幕围栏、电栅围栏等；对某些有回归习性的鱼类，对其实施转基因技术也是行为控制的有效方法之一。

2. 观测浮标及音响驯化技术

为了使投放入海的幼鱼在既定的范围内活动，日本研发了音响投饵浮标系统，如同牧羊人的号角可以防止羊群走失一样，海洋牧场也装备上了“海号”，帮助管理海洋中的鱼类。当饲料从浮标上分发出去时，连接在浮标上的水下高效扬声器便能发出听觉信号。喂完饲料后，鱼群便散开，但鱼群并不会游远。在浮标四周海床上设立人工礁石，为鱼类提供安全保护及理想环境。生长在这些“牧场”中的鱼类，其中有一些是珍贵品种，如鲷鱼、比目鱼和大菱鲆，这些鱼是在陆上装置中进行人工孵化，然后饲养在海水封闭环境中，直到长到约 10 cm 长将其放流入海。这期间，每次喂饲料时，会响起“海号”，以便训练鱼把食物和声响联系起来。鱼一旦被释放出封闭体系，仍然能够识别这种声响，回到浮标周围觅食[18]。长崎市海洋牧场对真鲷、许氏平鲉及牙鲆进行了音响驯化，使鱼的产量得到明显的提高。

五、管理水平

长崎市海洋牧场由长崎市（水产中心）和纲场湾海洋牧场管理运营协商会实施管理。长崎市负责提供海洋牧场管理运营经费，主要承担放流苗种的生产、中间育成及效果调查等工作。纲场湾于1997年成立海洋牧场管理运营协商会，地址设在橘湾渔协内，为海洋牧场的实际运营管理主体。该协商会的主要职能有以下几点。①负责纲场湾的渔业调整与管理；②负责海洋牧场的研究及立项；③关于放流品种的保护与育成等。

海洋牧场的设施运营与管理费用，由长崎县和长崎市共同筹集，提供给纲场湾海洋牧场管理运营协商会，渔民不负担海洋牧场管理费用。管理费用主要用于放流苗种的中间育成、放流、设施的定期检查及维护等方面。在海洋牧场建设初期，管理费用为每年600万～770万日元，至2001年逐渐减少，2005年以后每年为260万～440万日元，2008～2009年减少到160万日元。其主要原因是放流品种的中间育成技术更成熟及放流费用减少。

1999年，长崎市海洋牧场垂钓公园正式开业。该垂钓公园无偿交由纲场湾海洋牧场管理运营协商会管理。虽然垂钓人数与日俱增，至2001年一度超过7000人，但因收取钓客的垂钓金额减少、遭台风破坏的安全设施的修复费用增加，随着自治团体合并，一市一个垂钓公园政策的出台等因素的制约，2004年以后该海洋牧场垂钓公园的运营被中断。

第六节　冈山县海洋牧场

濑户内海是日本沿岸鱼产量很高的渔场，随着沿岸工业的迅速发展，出现了20多个沿岸工业地带，这造成10 m浅海域的面积约有13%被填，自然海岸线约减少45%，同时由于工业大量排水的污染和城市化进程加快、生活排水及农药的大量流入等状况的存在，使得濑户内海及与其相连的冈山县周围的海域也受到严重的污染。这严重影响了日本沿岸渔民的正常生活，为了解决这个问题，日本冈山县建设了冈山县海洋牧场，开辟新的途径以提升海洋渔业产量。

一、地理位置

冈山县位于日本的东南部，与近畿地区相接，东邻兵库县，西接广岛县，南面是濑户内海，北连鸟取县。地势由三部分组成：北部主要以山地、盆地为主，中部是丘陵地吉备高原，南部为平原，总面积 7113.20 km^2，占日本国土面积的 1.9%，居日本第 17 位。

冈山县位于日本濑户内海西部，冈山县海洋牧场位于冈山县西部笠冈市的白石岛和高岛中间的海域，总面积约 350 hm^2。

二、环境条件

冈山县气候温暖，年降雨量约 1100 mm，为全日本降雨量最少的地区之一。一年中晴天较多，全年日照时间约 2000 h，被称为“晴朗之都”。日本冈山县在最开始建设海洋牧场时以真鲷为主要放流对象，但真鲷具有随季节变化远距离洄游的习性，不利于以渔村为单位进行管理，所以后期换为以洄游距离短的黑鲷为主要放流品种。冈山县海洋牧场建设通过改善现有渔场环境、投放人工鱼礁、建造海藻床等方式，扩大目标鱼类的栖息场所，同时利用音响投饵设备，使目标鱼类明显增加。另外，由于加强了自然环境的管理，这个海域不仅成为该地优良的渔场，而且成为日本水产资源的供给基地。

三、开发状况

在 1991～2002 年，冈山县建设了海洋牧场，历时 12 年，总投资约 21 亿日元。冈山县的渔业生产量占日本总产量的 0.7%，在水产业中占有重要的位置。冈山县 2000 年的渔业生产量中海洋捕捞渔业占 73%，海水养殖渔业占 27%。但近年来渔业生产急剧下降，捕捞能力大幅萎缩，渔民收入明显减少[13]。面对这种现象，当地渔民开始寻求提高渔业生产率的方法，并于 1991 年开始海洋牧场的建设，人为地开发海洋渔业资源，提高渔业生产率，增加渔民收入。

四、关键技术

冈山县建造海洋牧场的目的是通过改良生物栖息环境和控制目标生物的行为，促进其生长繁殖，增加资源量，提高渔获产量，保持海域生态环境的可持续利用和水产品的可持续生产。海洋牧场的技术研究包括以下几个方面[6]。

1. 人工生息场的改良与建造技术

生息场建设是指对环境的调控与改造及对生境的修复与改善工程。主要是通过投放人工鱼礁、改造滩涂、控制排污、种植海草、大（巨）型海藻和培养海藻（草）床等措施为鱼群提供良好的生长、繁殖和索饵的生活环境，同时海藻（草）可以净化海水与底质中的污染物，从而达到改善生境的目的。

目前在生息场建设方面，建设人工鱼礁是最为有效的途径。可根据海区的情况，在近岸浅海区设置可以固着藻类的环境改善型礁体，海参、海胆和鲍鱼等增殖型礁体或用于休闲渔业的游钓鱼礁；在偏外海海域设置鱼苗资源增殖型保护礁体；在鱼虾类的洄游通道上可以设置供捕捞生产的渔获型礁体，从而形成资源丰富且稳定的渔场。此外，也可以根据海域的水流、地质环境因子及生物构造等情况，建设与目标生物相适应的生息场。例如，在特定海域建造一定规模的人工山脉，以改变水流的流向、流速，形成上升流，将海底营养盐带到有光层，提高海域生产力；设置人工鱼礁和人工藻礁，改善底质环境，净化水质，给目标生物及其他生物资源提供良好的生息场所，保护和增大生物资源量（图 3-7）。

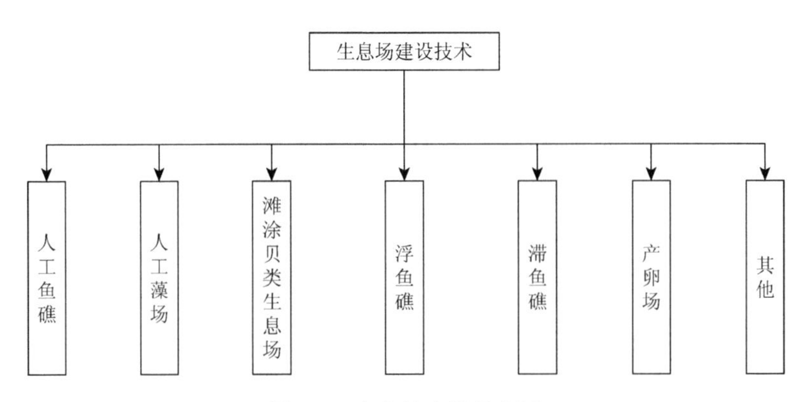

图 3-7　生息场建设技术图

2. 环境调控技术

建设海洋牧场中海水温度、盐度、营养盐、光照度、pH、潮流等环境要素的监测系统，对水质、底质进行监测；同时利用物理学和生物学方法，对局部环境进行测试，即对生态环境质量和生物资源进行监测，如对鱼类的诱集、驱赶、阻拦的监测，日本海洋牧场化的研究课题还包含鱼类对嗅觉的回归理论和声学条件反射驯化的研究。

3. 生物资源监测与评估技术

建立海洋牧场资源监测及评估方法，利用探鱼仪的探测、试捕、定点水中寻像及潜水调查等功能，对海洋牧场中各种水产资源进行定期监测评估。在保证目标生物最佳生长的同时，及时调整各生物资源量的比例，以达到资源的均衡增长，保证海洋牧场的综合经济效益最大化。

海洋牧场建设是一种经济活动，涉及复杂的法律问题和经济问题，政府、企业、渔民和科研人员承担着不同的责任和义务，也享有各自的权利。开展此方面的研究是不可或缺的。例如，英国、挪威、新西兰等对水生生物的移植、渔业病害的防治等都制定了一系列的法规，以规范渔业的健康发展。

五、管理水平

冈山县海洋牧场的管理主要包括鱼类栖息环境整备、促进目标鱼类滞留和资源管理三个方面。

第一，加强该海域鱼类栖息环境的整备。在充分利用现有人工鱼礁、天然鱼礁、海藻床等基础上，根据鱼类生长、成熟、产卵、洄游的需要，按照不同品种和不同发育阶段进行生息场的整备。具体是指设定仔幼鱼保育场、未成鱼培养场、成鱼保育场、亲鱼滞留场等海域，并在各海域投放必要的鱼礁，在鱼类洄游通道上通过设置诱鱼礁吸引鱼类。设施的配置应充分考虑鱼类的游动能力，在仔幼鱼的未成鱼阶段配置的设施较密集，随着鱼类的生长逐渐疏开。鱼礁采用适于幼鱼生长、饵料培养功能优越、空间构造复杂的牡蛎礁和穴居性较强的赤石斑鱼瓦制鱼礁等。该海域由 11 320 个（87 587m^3·空）人工鱼礁和 35 920 m^3·空自然石组成。在设置这些鱼礁的海域，经与当地渔民协商达成协议后，将该地规定为拖网禁渔海域。

第二，促进目标鱼类的滞留。除黑鲷、石斑鱼等放流鱼类外，对菖鲉、鲈鲉、大泷六线鱼等栖息在当地海域的自然鱼类实施音响驯化。为提高放流鱼类的生存率，黑鲷人工苗种放流后，在渔港内设置音响投饵机。音响投饵分为两种：一是放牧型音响驯化，使这些鱼类在安全保护水域（白石岛渔港）内滞留一定时间；二是开放型音响驯化，使这些鱼类停留在渔港外。特别值得一提的是开放型音响驯化，1995 年在石斑鱼的中间育成和各种鱼类中设置装有多层投饵功能和可测定水温、鱼群等测量仪的音响投饵浮标，将其应用到正式的复合型海洋牧场当中。

音响投饵浮标为钢制，直径 7.5 m，高 7.1 m。以音响投饵浮标为中心，周围约 300 m^2 的海底，除设有 33 个赤石斑鱼瓦制鱼礁、36 个牡蛎礁外，还设有天然石礁。投饵采取多层投饵方式，从表层和水下 2 m 处同时投饵，上层鱼类和底栖鱼类可以同时摄食。音波频率为 300 Hz，音压 148 dB，传播距离 500 m。

第三，为保护渔场环境，扩大渔业资源，以渔民为主体的笠冈海洋牧场管理运营协商会负责海洋牧场的管理运营，研究确定资源管理方针，改善渔法，推进渔场合理利用。

六、主要成果

冈山县海洋牧场自 1991 年起，每年通过音响驯化，放流黑鲷苗种 3 万～6 万尾，取得了明显的效果。经调查，1992 年在白石岛渔港内放流以 0～1 龄为主的鱼，在海洋牧场海域滞留 5 万～6 万尾。后经跟踪调查发现，放流的 1.5～2 龄主要滞留在渔港内，如果体长达到 20 cm 以上，大部分游到渔港外面。据白石岛渔协资料显示：1991 年冈山县海洋牧场的渔获量为 7.6 t，1994 年上升到 14 t，增加了 0.84 倍，之后捕捞量持续稳定。产量增加的主要原因，是因为放流后规定回捕的年龄为二龄鱼。其结果是放流鱼群增加，体长越来越大所致。同时，从 1995～1997 年放流的六带石斑鱼，一年后在音响投饵浮标周围的滞留率：稚鱼 1.8%～4.3%，一龄鱼 15.0%～49.2%，比设置浮标前滞留率高 0.01%。

第七节　日本海洋牧场发展存在的问题

日本海洋牧场在建设过程中，遇到了很多的问题，现将日本海洋牧场建设过程中的典型问题汇总如下。

一、沿海地区缺乏有效的管理

海洋生物栖息场所的破坏和污染会对沿海地区的可持续发展造成严重的威胁。日本经济发展时期，在北海道和九州岛附近的很多企业将工业废水等污染物排放到近海海域，破坏了海洋牧场周边的生态环境，使得濑户内海的渔业资源迅速减少，并导致许多生物幼苗和苗种的严重衰减，严重影响了近海水体的质量和渔业资源。因此，为预防水体污染事件的突然发生，建立一个自动监测系统和实施对沿海地区水体质量的连锁控制是极其重要的。

二、缺乏渔业资源保护意识

鱼、虾、贝类等苗种的放流和人工鱼礁的投放是建设海洋牧场过程中的主要研究方向。一方面，通过改进技术和增加渔船的数量提高了捕捞强度，可是捕捞对象的总渔获量不但没有增加，反而减少了，这是因为日本相关部门没有对渔船的数量进行严格的控制，也没有限定网眼大小、渔场、捕鱼季节、捕捞规则等，出现了滥捕的现象，这样会影响人工鱼礁集鱼效果，最终导致在投放人工鱼礁前后，渔获量没有很大的区别。另一方面，海洋牧场建设初期日本沿海渔民使用违法的捕捞方法现象仍然存在，如电击、毒气、炸药等还没有被完全禁止。这样会对通过人工鱼礁聚集的幼鱼造成很大的伤害，浮游植物的生长也会受到影响，使得海洋牧场建设在初期很难取得预期的效果。

三、忽视了增殖放流带来的生态风险

增殖放流活动在修复衰退渔业资源种类、提升增殖水域渔业产出能力方面效果很明显。但是，日本在海洋牧场建设初期，盲目关注于海域生物种类的增多，

忽视了增殖放流会给野生资源种类的种群结构、遗传多样性、健康状况及增殖水域生态系统的结构与功能带来诸多生态风险。例如，当野生种群的数量达到该地区最大容量的时候，大规模的增殖放流会加剧种内斗争，会加速野生种群数量的减少，破坏了大自然原本的生态系统。

第八节　日本海洋牧场建设的成功经验

日本海洋牧场建设已经有四十多年的发展历程，海洋牧场的建设一直处在世界的前列，在技术、管理、法律法规等方面都有很多值得其他国家借鉴的地方，下面将日本海洋牧场的成功经验总结如下[7]。

一、做好长期规划，技术研究体系化

日本从 20 世纪 70 年代开始提出建设海洋牧场，但经过二三十年的发展，才建成严格意义上的海洋牧场。在 1980～1988 年，分三个阶段对海洋牧场建设的前期技术进行研究。第一阶段（1980～1982 年）：主要研究鱼、贝类的生态和提高鱼、贝类成活率的海流、底质控制技术；第二阶段（1983～1985 年）：在第一阶段的基础上，研发最适合鱼、贝类与藻类生长的海水和海底控制技术，进一步研究可以扩大和维持鱼、贝类饵料生长的关键方法与技术；第三阶段（1986～1988 年）：主要研究多种鱼、贝类在时间和空间上进行组合的复合型资源培养系统技术。相比之下，其他一些国家只是简单地投放一些废旧船、废轮胎等作为鱼礁，有些甚至用竹、木、石块作鱼礁，并没有长期的规划用来指导海洋牧场的建设。

日本海洋牧场的建设，是先具备了相关的技术，并进行了相关的试验，论证了其可行之后，再实施海洋牧场的建设。这样可以避免很多突发的情况，也可避免在建设过程中因为没有技术指导而多走弯路。

二、调动渔民、民营企业的积极性

在日本海洋牧场建设过程中，渔民、社会团体和企业都积极参与投资，在日本有关当局批准的条件下，有钱出钱、有物出物，并采用谁投资、谁受益、谁管

理的方式积极引导人们参与到海洋牧场的建设中来。海洋牧场的建设，是一项规模大、投资高的项目。因此应该在政府的主导下，吸引更多渔民、企业的投入，加快海洋牧场的建设。

在日本海洋牧场建设过程中，当地的渔民和企业都积极执行相关国家渔业政策。例如，在人工鱼礁的投放过程中，渔民会被禁止在人工鱼礁周围进行捕捞，以免破坏礁体；在进行人工放流后的一段时间，渔民也是不可以捕捞的。因此，应当加强宣传力度和巡防强度，劝说渔民和企业减少在人工鱼礁周围的渔业活动。

三、政府对海洋牧场建设的大力支持

正所谓“没有规矩，不成方圆”，日本作为四面环海的国家，想要在海洋牧场建设中取得一定的成果，必须要有相关的政策规划来指导。所以，日本将海洋牧场建设列入国家规划，从国家宏观政策上支持海洋牧场的建设。同时，各级地方政府也积极出台相关政策法规，引导和支持海洋牧场的建设。

日本海洋牧场建设以政府为主导，由政府带头组织相关技术研究和试验。建设海洋牧场的资金投入是巨大的，而且由于技术的不成熟，加上海洋产业自身的风险性，以营利为目的的企业不会自愿地投入到建设项目中。因此，海洋牧场建设应该以政府为主体，将资金投入到前期的试验研究和技术创新中，同时派工作人员到一些先进的国家学习经验，聘请专家队伍为海洋牧场的建设出谋划策；出台支持企业建设海洋牧场的政策方针；在禁止渔民进行捕捞活动期间，对其给予经济上的补助。

在日本政府的大力支持之下，日本海洋牧场在技术、管理方面已走在了世界该领域的前沿。日本政府相关补给政策的出台，使得沿海捕鱼的渔民严格执行相关条例，避免对海洋牧场的生态效益、经济效益、社会效益造成不必要的损失。

四、重视科研人才的储备

海洋牧场的建设是一个漫长的过程，需要不断引进相关技术及专业人才，这就需要日本科研机构为海洋牧场的建设提供一些科研支撑，为海洋牧场建设的技术研究和运营管理提供人才储备。海洋牧场建设过程涉及多个学科，如工程制造、苗种培育及养殖，以及多种前沿科学技术，如生物驯化、环境监测，只有依托科研机构，才能保证海洋牧场建设的顺利进行。日本在这些研究领域都有很多顶级人才的储备，在进入海洋牧场建设的关键时期，没有出现技术人才需求不足的情况，使得日本海洋牧场的后期建设比较顺利，最终使得日本海洋牧场的建设取得了很大的成果。不仅造福了沿海的渔民，也对鱼、虾、贝类需求量极大的日本的海洋经济有很大的推动作用。

参考文献

[1] 游桂云，杜鹤，管燕. 山东半岛蓝色粮仓建设研究——基于日本海洋牧场的发展经验[J]. 中国渔业经济，2012，30（3）：30-36.
[2] 赵荣兴，邱卫华. 日本栽培渔业的进展[J]. 现代渔业信息，2010，25（9）：23-25.
[3] 王民生. 日本的栽培渔业[J]. 世界农业，1980，（10）：22-27.
[4] 徐绍斌. 日本的资源生产型渔业的划时代意义及其开发概况[J]. 河北渔业，1986，（2）：1-48.
[5] 马平. 日本的栽培渔业及其技术[J]. 渔业现代化，2004，（3）：23-25.
[6] 中国水产学会赴日考察团. 日本栽培渔业概况及其特点[J]. 海洋渔业，1986，（1）：43-46.
[7] 杨金龙，吴晓郁，石国峰，等. 海洋牧场技术的研究现状和发展趋势[J]. 中国渔业经济，2004，（5）：48-50.
[8] 李波，关于中国海洋牧场建设的问题研究[D]. 青岛：中国海洋大学，2012.
[9] 姜雅. 日本的海洋管理体制及其发展趋势[J]. 国土资源情报，2010，（2）：7-10.
[10] 宁凌，吴杰. 海洋综合管理模式国际比较分析——基于生态系统的视角[J]. 黑龙江畜牧兽医，2016，（3）：13-17.
[11] 姜雅，姜舰. 日本环境污染防治经验与启示浅析[J]. 国土资源情报，2014，（2）：46-52.
[12] 王恩辰. 海洋牧场建设及其升级问题研究[D]. 青岛：中国海洋大学，2015.
[13] 杨宝瑞，陈勇. 韩国海洋牧场建设与研究[M]. 北京：海洋出版社，2014.
[14] 远方. 日本提出建设“黑潮海洋牧场”设想[J]. 海洋信息，1993，（4）：20-22.
[15] 潘绪伟，杨林林，纪炜炜，等. 增殖放流技术研究进展[J]. 江苏农业科学，2010，（4）：236-240.
[16] 陈德慧. 基于海洋牧场的黑鲷音响驯化技术研究[D]. 上海：上海海洋大学，2011.
[17] 中村充. 21 世纪日本沿岸水产资源的开发（续二）[J]. 张进上，陈国铭译. 水产科技，1996，（3）：33-37.
[18] 艾玉，郑丹林. 日本的海洋牧场[J]. 科学与管理，1999，（4）：32.

第四章　韩国海洋牧场概况

第一节　韩国海洋牧场总体发展情况

一、基本概况

随着各国专属经济区的设立，过去那种“没有主的鱼，谁抓到就属于谁”的观念已经行不通了。人们只能把目光更多地投向沿岸渔场，但由于沿岸渔场污染、开发、填海等原因，鱼类失去了产卵场，捕捞到的鱼也越来越少。韩国的渔业发展一度停滞不前，沿岸和近海渔业的捕获量从 1986 年的 170 万 t 下降到 2004 年的 100 万 t[1]。因此，建立海洋牧场是韩国海洋渔业摆脱困境的一个尝试。经济学家们指出，在专属经济水域体制的新形势下，海洋渔业的发展不可避免地要从过去的“资源掠夺型”转变为“资源管理型”，从“捕捞型”转变为“养殖型”。为此，必须把本国的专属经济水域发展成海洋牧场[2]。

韩国政府希望通过海洋牧场示范区的建设，为全国沿岸海洋牧场的建设研究开发基础技术，缓解由沿岸污染加重和盲目捕捞造成的水产资源枯竭的局面，提高渔业生产能力，增加渔民收入，开发新的海洋空间，研究和探索新的海洋发展战略，切实提高国民生活水平。示范区建设对保护专属经济水域、防止沿岸渔场环境污染和渔民滥捕渔业资源、建立新的渔业生产方式、确保水产品供需稳定、满足国民对海产品日益增长的需求和推进沿岸海洋牧场化建设等都具有十分重要的意义。

二、发展历程

韩国从 1993 年才开始海洋牧场建设的初期探索，主要针对建设人工鱼礁、增殖放流、环境监测和管理等方面进行研究。1994～1996 年进行了海洋牧场建设的可行性研究，之后开始实施 1998～2030 年的“沿岸海洋牧场”计划，由国家投资

1589 亿韩元，建设 5 个不同类型的海洋牧场示范区，分别是统营多海岛型海洋牧场、丽水多海岛型海洋牧场、蔚珍观光型海洋牧场、泰安滩涂型海洋牧场和济州海洋观光及水中体验型海洋牧场。以此作为重点的试验基地，在形成成熟的经验后，继而向全国的其他海域推广。具体计划如下[3]。

第一阶段（1998～2004 年）为海洋牧场的试验阶段。通过对海岸形态特点的分析，在南部海域选择了 4 个区域，计划建设 5 个海洋牧场，开始进行海洋牧场试验。在此期间，包括韩国海洋水产部、韩国海洋水产开发院、韩国海洋研究与发展研究所、韩国国立水产科学院等在内的相关研究院所参加试验，并由国家投资 200 亿韩元负责实施。试验对象主要是定居性鱼类，渔获量目标是 1.5 万～2 万 t。

第二阶段（2005～2014 年）为海洋牧场建设规模扩大的阶段。在这一阶段，主导海洋牧场建设的职责逐渐由国家转向地方政府，建设海洋牧场的数量增加到 50 个，并且规模也有所扩大。目标生物除定居性鱼类外，又增加了洄游鱼类，渔获量目标是 15 万～20 万 t。

第三阶段（2015～2030 年）为海洋牧场的普遍化阶段。在这一阶段，海洋牧场的开发转为一般化，建设主体也由地方政府转向企业和个人。在这期间将建成 500 个海洋牧场，使韩国的全海岸实现海洋牧场化。

三、空间分布

从地理位置上看，韩国位于朝鲜半岛南部，东南西三面环海，东靠日本海，西邻中国黄海，南部多岛屿，海域特征各异，因此海洋牧场示范区在空间上可以按照海域特征划分类型[4]。

在南海岸的庆尚南道统营和全罗南道丽水建设多海岛型海洋牧场，最大限度地利用分布在沿岸的诸多岛屿，建设以鱼类为主的海洋牧场。统营和丽水均为亚里斯式海岸，岛屿众多，可以把这些岛屿作为鱼类养护的基地。

东海岸海岸线湾少、水深，在内陆以太白山脉为中心，陆地旅游观光地多，发展休闲观光渔业比发展捕捞渔业更有优势，因此在蔚珍开发建设高档鱼类的观光型海洋牧场。

西海岸的泰安沿岸潮汐差较大，滩涂资源丰富。在这里，水中以鱼类，滩涂上以菲律宾蛤仔等贝类为对象，建设集捕捞生产、滩涂体验和观光于一体的捕捞观光型海洋牧场，又称滩涂型海洋牧场。

济州岛的济州市具有亚热带气候特征，海域清澈，环境优越，栖息着大量温水性鱼类，但岛屿较少，海面开阔，难以建成类似统营海洋牧场形式的海洋牧场。因此，与济州岛具有的观光资源相结合，建设斯库巴潜水等海洋观光及水中体验型海洋牧场。

第二节　统营海洋牧场

在制定发展计划后，韩国于 1998 年首先在统营市山阳邑建设总面积为 90 km^2 的海洋牧场，其中包括 20 km^2 的核心区域。统营海洋牧场建设的主要目标是：通过渔场建设、资源形成及渔场利用和管理开发，增加渔民收入，稳定水产品供给，振兴渔村区域经济。为实现这样的目标，统营海洋牧场建设的主要内容包括：①应用工程技术及人工鱼礁技术进行渔场建设；②用亲鱼养殖、苗种生产、中间育成及放流技术生产健康苗种并进行增殖放流；③应用周边水域的水质及底质污染管理、有害物质清除技术保护全渔场环境；④通过自律渔业管理体制建立、海洋牧场水面管理、观光等相关产业的共同开发，切实加强渔业管理。

经过 10 年的建设，统营海洋牧场已于 2007 年 6 月竣工。根据韩国农林水产食品部的调查发现，该海域 2006 年的水产资源量为 750 t，比 1998 年的 118 t 增加了近 6 倍，大大提高了渔民的收入。

一、地理位置

统营海洋牧场位于韩国庆尚南道统营市山阳邑南部，东经 128°27′8″，北纬 34°48′35″，靠近韩国南部海域（对马海峡），背山临海。

海洋牧场主渔场由弥勒岛南部数十个小岛环抱，自北向南主要包括乌飞岛、昆里岛、楸岛、猪岛、鹤林岛、晚地岛、烟台岛和五谷岛，是一个典型的多岛海。在近海海域与岛屿周围，微生物及无机物含量丰富，能够为海洋鱼类提供丰富的饵料，可最大限度地利用沿岸的岛屿，建设以渔业为主的海洋牧场。

二、环境条件

1. 气候条件

统营市属于亚热带气候，这一地区的光照时间长、水温适宜、水量丰富，是一个适宜鱼类生长的良好栖息地。年平均降雨量 1500 mm 左右，其中 6～8 月雨量较大，降雨量为全年的 70%。

2. 海域条件

统营海洋牧场海域海水清澈，捕捞、养殖等水产业发达，分布着多种水产资源，主要对象品种有鲈鲉、黑鲷、许氏平鲉、牙鲆、鲍鱼、真鲷等，是韩国南海岸具有代表性的海域。同时该海域水温为 9～26℃，盐分 33～34 g，海水流速快，适合多种鱼类栖息。海洋牧场总面积约 90 km^2，主要海域面积约 20 km^2（其中保护水面 5.4 km^2，水产资源管理水面 14.6 km^2）。

三、开发情况

1. 基本概况

从 1994 年开始，作为科学技术部的重要项目，韩国海洋研究与发展研究所利用 3 年的时间，对统营海洋牧场进行初步调查，以韩国南海郡为对象实施海洋牧场研究。在此基础上，制定韩国海洋牧场建设中长期发展规划，并决定在 1998～2006 年，在庆尚南道统营市山阳邑建设韩国第一个海洋牧场，最终于 2007 年 6 月 26 日正式竣工。该海洋牧场的建设经历了三个阶段[4]。

1998～2000 年为第一阶段（基础建设阶段），该阶段主要进行环境容量的评价、渔场建造模型开发、环境监测及管理技术开发、优良苗种生产及技术开发、海洋牧场开发建设的可行性分析等，并收集现有资料，开展海域环境特征调查，掌握海域环境及地理特征等。

2001～2004 年为第二阶段（海洋牧场开发与建设阶段），该阶段正式开展人工鱼礁海域的生态环境调查，在此基础上构建生态系统模型，选定人工鱼礁投放海域，开发有效的渔场建设技术和资源养护技术，选定增殖放流品种，制定资源增大方案，确立有效的增殖放流、中间育成技术基础，实施监控苗种生产技术的开发，应用渔场建设及资源养护技术，提出人工鱼礁设置方案，开发藻礁苗种移植技术，实施渔场建设海域的海藻及栖息动物的监控等正式的海洋牧场建设，并开始制定海洋牧场利用与管理方案。

2005～2006 年为第三阶段（海洋牧场开发技术应用及效果分析阶段），该阶段主要进行开发技术应用及效果的调查；重点掌握水产资源管理水面利用状态，制定利用管理计划；分析海洋牧场投资效果；整体评价统营海洋牧场建设情况，整理并完善海洋牧场利用管理方案，使其运用到其他海洋牧场建设和沿岸小规模海洋牧场建设中。项目建设实际情况如表 4-1 所示。

表 4-1　统营海洋牧场建设实际情况

项目	基础建设阶段	开发与建设阶段	技术应用及效果分析阶段
建设时间	1998～2000 年	2001～2004 年	2005～2006 年
实施内容	· 环境容量评价 · 渔场建造模型开发 · 环境监测及管理技术开发 · 优良苗种生产及技术开发 · 海洋牧场开发建设的可行性分析	· 生态特征及模型化 · 渔场建设技术：海藻床建设、人工鱼礁建设技术 · 资源养护技术：中间育成技术、音响驯化技术、增殖放流技术 · 资源调查 · 海洋牧场利用与管理方案制定	· 开发技术应用及效果调查 · 后期海洋牧场指南编写 · 投资效果分析及综合评价分析

2. 投资计划

统营海洋牧场建设总投资 240 亿韩元，分为设施投资和研究开发经费两大类。设施投资 158 亿韩元，占总投资的 66%，主要包括渔场建设设施投资、资源增殖设施投资。渔场建设设施投资 134.3 亿韩元，主要用于人工鱼礁、海藻床、海流控制构造物、环境监控系统等的建设，占设施投资的 85%。资源增殖设施投资 23.7 亿韩元，主要用于适合该海域水温、移动性小的品种的增殖放流，占设施投资的 15%。研究开发经费为 82 亿韩元，占总投资的 34%。其具体投资计划如图 4-1 所示。

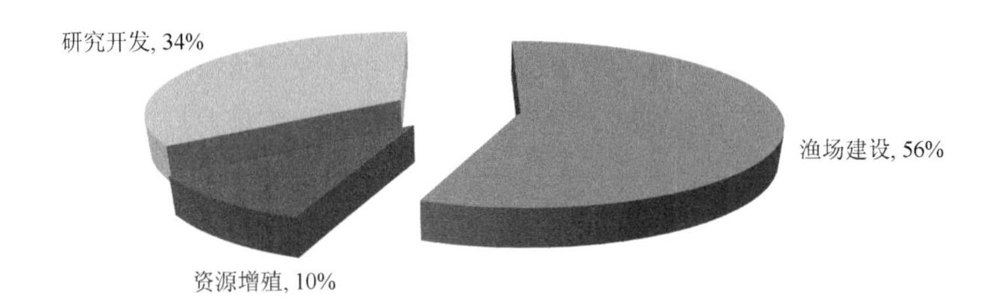

图 4-1 统营海洋牧场投资计划

3. 增殖放流

经营海洋牧场的增殖放流情况如下，1998 年开始放流 5.5 万尾，2001 年正式大规模放流 133.3 万尾，2006 年增加到 190 万尾，截至 2007 年 6 月，统营海洋牧场放流鲈鲉、许氏平鲉等 1037.6 万尾，其中许氏平鲉 585.9 万尾，占全部放流量的 56.5%，鲈鲉 190.9 万尾，黑鲷 227.7 万尾。放流初期许氏平鲉所占比例较高，但随着海洋牧场建设的推进，考虑苗种生产技术的提高和放流品种的收益，便增加了鲈鲉、黑鲷的放流量。

4. 设施建设

从设施建设来看，到 2007 年竣工为止，统营海洋牧场主要设施建设包括：投放人工鱼礁 30 种 951 个（94 540 m^3·空），其中四角形鱼礁 660 个、四角混凝土鱼礁 490 个、钢制鱼礁 283 个；建设人工海藻床 53 个；设置环境监测浮标 2 座、环境监测系统 3 组。

四、关键技术

统营海洋牧场作为韩国第一个海洋牧场示范区，进行了一系列的技术研究与开发，极大地促进了韩国海洋水产技术的发展。主要包括以下几个方面。

1. 许氏平鲉功能性人工鱼礁技术

许氏平鲉隶属鲉形目、鲉科，俗称黑鲪。近年来，由于沿海城市建设对生态环境的影响及过度捕捞等，许氏平鲉的资源量明显下降，如何恢复和优化许氏平鲉的生态环境，保护和增加其资源量，是当前亟待解决的问题。

结构模型礁对许氏平鲉幼鱼的集群有明显的诱集效果，这说明许氏平鲉幼鱼具有趋礁的天性，所以在利用人工鱼礁对许氏平鲉这类趋礁性鱼类资源进行保护与增殖时，人工鱼礁最好以遮盖效果和阴影效果好的礁型为首选[5]。

2. 放流品种优良苗种生产技术

目前韩国水产苗种的生产大体包括两个方面：一是采捕天然苗种；二是人工培育苗种。统营海洋牧场主要采用的是人工培育苗种生产技术，以国立苗种培养场和民间苗种培育场的苗种培育为主。国立苗种培育场隶属于水产研究机关，主要负责仔稚鱼放流和相关的研究工作，侧重于新品种开发的研究，然后将其研究成果传授给民间团体。民间苗种培育场则主要利用国立苗种培育场开发的仔稚鱼生产技术，进行商业性大量生产。韩国生产最多的品种有许氏平鲉、真鲷、黑鲷、牙鲆等鱼类和鲍鱼。

3. 经济性中间育成技术开发

人工生产的苗种从孵化开始就习惯已有的环境和饵料，一旦把人工苗种直接放到自然海域，环境的不同加上其索饵能力和避敌能力不强，死亡率很高。因此，中间育成是海洋牧场建设的重要组成部分。

中间育成技术分为陆上水槽式中间育成和海上网箱式中间育成两部分。韩国海洋牧场的增殖放流，一般是将陆上水槽式高密度饲养的鱼类养至1～2 cm以后，将稚鱼转移到海上网箱暂养，然后再放流入海。统营海洋牧场建设首次采取中间育成技术，取得了较好的效果。

4. 观测浮标及音响驯化技术

为了让放流入海的鱼类能够长期栖息在预定海域，韩国借鉴日本海洋牧场建设的成功经验，开始研究开发音响投饵浮标系统，即音响驯化技术。音响驯化技术是一种能够有效控制鱼群的技术，它利用鱼类的听觉特性，结合投饵，用声音对鱼类进行驯化，将分散的个体诱集成群，从而达到控制鱼类行为的目的。简单来说，音响驯化是给鱼类投饵时，通过音响投饵机反复发出声音信号，使鱼类熟悉这种声音，在没有围栏的情况下也能在一定时间和区域内聚集索饵[6]。统营海洋牧场尝试对黑鲷进行音响驯化，取得了不错的效果。

五、管理水平

1. 保护水面指定及水产资源管理水面指定制度化

保护水面指定是指为保障水产动物的产卵和水产动植物的苗种发生或稚鱼的生长，由水产主管部门指定市道的水面。海洋牧场海域指定保护水面的目的，是为了保护增殖放流的稚鱼，有效地推进水产资源的形成和海洋牧场的建设。按照水产业法规定，在保护时间内，未经管理者同意，不得在保护水面实施任何工程，禁止一切捕捞行为。

水产资源管理水面指定的目的是在人工形成资源的水面，即人工鱼礁投放海域或海洋牧场建设海域，原则上通过限制对水产动植物的捕捞，有效地利用和管理水面。它对海洋牧场的建设和对其实施有效的利用管理是非常必要的。

2. 实施捕捞分配制

为了保证水产资源的可持续利用，统营海洋牧场建成后，韩国便全力推进海洋牧场捕捞分配制，即配额制。一是通过持续的监控，制定可持续利用水产资源管理方案；二是在统营海洋牧场内实施捕捞分配示范作业；三是根据科学评价计算总允许渔获量（Total Allowable Catch，TAC），国家提倡将 TAC 的 70%进行平均分配，剩下的 30%根据产量进行追加分配。分配到 TAC 的渔船、渔业者，每次把捕捞上岸的 TAC 鱼种的渔获量上报到共同鱼市场场长或水产业合作社委托贩卖所所长处。接受报告的场长或所长做出渔获状况报告书，并向渔船、渔业者所属水产业合作社提交[7]。

3. 建立海洋牧场渔获物品牌及统一上市体制

为使海洋牧场效益最大化，统营海洋牧场实行统一组织上市销售；通过“海洋牧场”牌商标注册，增加海洋牧场渔获物附加值；以对象海域渔村为中心建立统营海洋牧场渔获物管理中心。

第三节　丽水海洋牧场

在统营海洋牧场成功建设的基础上，韩国将其成功经验积极推广到全罗南道丽水市的海洋牧场建设中去。丽水海洋牧场于2001年开始建设，主要考虑其沿岸岛屿较多的海洋环境与生态特征、放流品种的栖息及洄游特征等，将以金鳌列岛为中心的海域建设为广域多海岛型海洋牧场。

同时，为给游客提供体验海洋牧场的机会，并且与2012年丽水世博会的主题（“生机勃勃的海洋，充满活力的沿岸”）相一致，韩国在丽水南面安岛建设海洋牧场体验馆，在体验馆的海上建设鱼类中间育成场、垂钓体验场和海藻床等场所。

一、地理位置

丽水市位于韩国全罗南道东南部丽水半岛（东经127°39′5″，北纬34°46′35″）。北部与全罗北道接壤，东部与庆尚南道相邻，南隔济州海峡与济州岛相望，西临黄海。

丽水海洋牧场是韩国继统营海洋牧场之后的第二个海洋牧场示范区，也称全罗南道海洋牧场，与统营海洋牧场一样，为多海岛型海洋牧场。该海洋牧场周围有365个岛屿，以全罗南道丽水市华阳面和南面的盖岛、月下岛、禾木岛、大横班干岛为界，以连接盖岛、安岛、金鳌岛、小李岛的金鳌列岛为中心海域，建设多海岛型海洋牧场。

二、环境条件

1. 气候条件

丽水市属温带海洋性气候，四季分明，冬暖夏凉。年平均温度14.6℃，一年中最高气温不超过27℃，最低气温在0℃以上。年平均降雨量在1200～1500 mm，降雨主要集中在气温最高的七、八月。

2. 海域条件

韩国南面和西面与大海相连，并拥有众多的岛屿和漫长的海岸线（879.03 km）等有利的地理环境，全年大部分时间都有东北流向的暖流存在，但在冬季有寒流从底层通过，冬季水温很少降至10℃以下，夏季则达30℃，主要放流品种包括黑鲷、石鲷、鲈鲉、褐菖鲉、鲍鱼和海参等。该海域总面积为 203 km^2，丽水海洋牧场规划面积 110 km^2。

三、开发情况

1. 基本概况

丽水海洋牧场于2001年正式投资建设，计划建设8年（2001～2008年），后来延至11年（2011年底）完成建设。

建设初期因资金出现困难，特别是2004～2006年，正值丽水海洋牧场正式建设阶段，实际投入资金不足预算的50%，因此这个时期主要以研究开发为主，基础设施建设无法实现。

2007年，通过压缩研究开发经费，才使资金向设施建设集中。2008年，丽水海洋牧场完成资源养护及实际海域应用技术，实施苗种生产技术开发，应用渔场建设及资源养护技术，提出人工鱼礁设置方案，正式投入建设。

2009年，开始进入丽水海洋牧场建设的第三阶段，对设施建设、海洋环境及资源监控的效果进行调查和经济分析，研究制定利用管理方案，加强后期管理。同时加快推进能体现丽水海洋牧场特征的海洋体验观光领域开发的基础设施建设。2010年，进一步完善海洋牧场后，韩国将主权移交给地方自治团体，让渔民能充分利用。2011 年 12 月底丽水海洋牧场建设结束。丽水海洋牧场建设情况如表4-2所示。

表4-2　丽水海洋牧场建设情况

项目	基础建设阶段	开发与建设阶段	后期管理及效果评价阶段
建设时期	2001～2006年	2007～2008年	2009～2011年
建设内容	•资金不足，以研究开发为主	•资源养护技术开发 •苗种生产技术开发 •渔场建设和资源养护技术 •人工鱼礁设置	•环境与资源监控效果调查与分析 •加强后期管理

2. 投资计划

丽水海洋牧场建设总投资 358 亿韩元，分为设施投资和研究开发经费两大类。设施投资 234.54 亿韩元，占总投资的 65.5%；研究开发经费为 123.46 亿韩元，占总投资的 34.5%。

设施投资主要包括渔场建设设施投资和资源增殖投资。其中渔场设施建设投资 155.58 亿韩元，占设施投资的 66.3%，主要用于人工鱼礁、海藻床、海流控制构造物、环境监控系统等建设。资源增殖设施主要包括增殖放流设施和中间育成设施，计划投资 78.96 亿韩元，占设施投资的 33.7%。

研究开发投资计划主要包括环境管理、渔场建设、资源增殖、海洋牧场利用管理等领域的投资，投资规模为 123.46 亿韩元。

丽水海洋牧场的具体投资计划如图 4-2 所示。

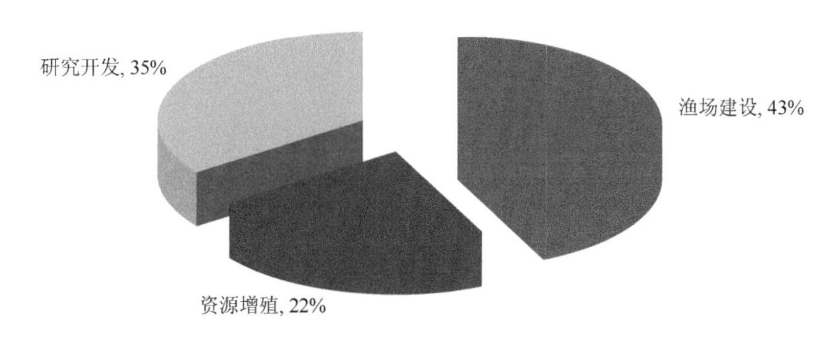

图 4-2　丽水海洋牧场投资计划

3. 人工鱼礁设施建设

以主要鱼类黑鲷的洄游路线为中心，2003 年在安岛、延岛、金鳌岛沿岸设置 33 个鱼贝类用陶瓷鱼礁，之后又在安岛沿岸设置了 1 个圆屋顶形复合钢制鱼礁和梯形钢制鱼礁；2004 年在以也浦、安岛、草山瑞设置 4 种 28 个大型钢制鱼礁；2005 年设置 6 种 63 个钢制牡蛎鱼礁、200 个四角混凝土鱼礁；2006 年，在白金湾、安岛、草山瑞沿岸设置 18 个钢制鱼礁、7 种金字塔钢制鱼礁和 40 个石塔形多功能鱼礁；2007 年设置 5 种 36 个两层箱子形钢制鱼礁和 720 个新凹凸混凝土鱼礁；2008 年设置 3 种 8 个陶瓷钢制鱼礁、4 种 813 个四角混凝土鱼礁及 1200 m^3·空自然石[4]；2009 年在该海洋牧场共投放钢制鱼礁等 41 种。

4. 苗种放流

2002 年在苏巷岛及金鳌岛沿岸放流石鲷、椭圆平鲉、黑鲷、鲍鱼等 50.3 万尾，截至 2006 年，以石鲷和黑鲷为主要放流品种，共放流 318 万尾，另外还放流了鲈鲉（39 万尾）、椭圆平鲉（19.5 万尾）等品种。2007 年放流鱼类 190 万尾（其中黑鲷 70 万尾），2008 年放流鱼类 132 万尾（其中黑鲷 50 万尾，石鲷 10 万尾）。截至 2009 年 5 月，共放流 8 个品种 803 万尾，到 2011 年底放流鱼类 900 万尾，形成了以生态系统为基础的海洋牧场。

四、关键技术

丽水海洋牧场与统营海洋牧场一样，都具有多海岛的特征，因此渔场建设所采取的方法没有大的差别，主要包括环境控制及投饵、放流品种渔场建设、海流控制三个方面的内容。

1. 环境控制与投饵技术

环境控制与投饵设施包括投饵及音响装置、环境监测装置、陆上观测控制系统等。投饵及音响装置主要通过对苗种进行音响和光的驯化后放流，增加捕捞率，建设成音响和光驯化型海洋牧场。环境监测装置和陆上观测控制系统则是通过建立在线监测技术体系，创新和集成海洋环境监测技术，优化现有监测技术，实现多种技术手段的综合运用，提高监测工作效能。

2. 放流品种渔场建设技术

放流品种渔场建设技术包括最具代表性的人工鱼礁和海藻床等的建设。通过设置人工鱼礁，为放流品种的生长提供合适的栖息场所，同时人工鱼礁作为附着基，能使各种生物附着并大量繁殖，为鱼类的索饵提供了场所。海藻床则是在沿岸海域，通过人工的方式，修复或重建正在衰退或已经消失的原天然海藻床，从而在相对短的时期内形成具有一定规模、较为完善的生态体系并能够独立发挥生态功能的生态系统，包括产卵场、栖息场和越冬场。

考虑丽水海洋牧场的产卵场、栖息场和越冬场之间的距离较远，所以不仅要设置鱼用鱼礁，还要设置能够连接产卵场、栖息场和越冬场的诱导礁和培育幼稚鱼的保育礁。

3. 海流控制设施

海流控制设施是指为确保海洋牧场中放流品种的栖息安全，提高人工鱼礁的稳定性而建立的设施。具体包括设置消波堤、漩涡隔断设施、海流变更隔断设施等。

其中消波堤在韩国海洋牧场建设中较为常用，它能保护海域、消散波浪能量。主要分为固定式消波堤和浮式消波堤两种，固定式消波堤是直接固定在海底的消波堤构造物；浮式消波堤是指浮在水面、具有防波堤作用的构造物。韩国借鉴日本的经验，在海洋牧场建设中积极研究开发浮式消波堤，并取得了良好的效果。

五、管理水平

为防止丽水海洋牧场区域内的滥捕现象发生，韩国要求海洋牧场示范区的资源利用要达到渔业资源再生产程度，力求通过可持续的渔业生产，确保渔民收入的稳定；并要求提供适度渔获量的信息（总允许渔获量、休闲垂钓尾数），使“过度捕捞—资源量减少—渔获量减少—渔民收入下降—为了保持所得的过度捕捞”的恶性循环现象不再发生。为此，韩国主张在海洋牧场内实施正确的资源评价，建立可靠的渔获监控体制，组织渔民积极参与，大力推行总允许渔获量制度[8]。

另外，为保护稚鱼生长和亲鱼产卵，促进渔业资源再生产，韩国针对稚鱼群聚性强，容易出现集中捕捞的特点，在海洋牧场区域研究制定禁止捕捞时间，或者在放流时设置铁丝网等措施。

第四节　蔚珍海洋牧场

蔚珍海洋牧场于2002年开始建设，2012年建成，建设期限为11年。建设的基本目标是：建设水产资源增殖和水中主题公园型海洋牧场，促进地区海洋休闲业和地区经济的发展；使海洋牧场产品品牌化，不断提高附加值。为实现这些目标，蔚珍海洋牧场建设的主要内容包括：①通过水质及底质环境管理和防止污染技术的开发，保护渔场环境；②利用水产工程技术和人工鱼礁等渔场形成设施，形成资源丰富的渔场；③充分利用苗种生产、中间育成、增殖放流等技术，增大渔业资源量；④通过生态友好的资源管理和有效的海洋牧场利用管理，实现切实的渔业管理。

一、地理位置

蔚珍郡位于韩国庆尚北道东海岸北部（东经 129°18′14″，北纬 36°55′42″），北边与江原道三陟市远德邑相连接，以葛岭山为界；西边与奉化郡小川面连接，并以洛东江鸟项川为界；西南边与英阳郡首比面和日月面连接，以日月山脉和高草岭白岩山为界；南边与盈德郡柄谷面连接，以腾云山为界；东边是日本海。

蔚珍海洋牧场，位于庆尚北道蔚珍郡平海邑。

二、环境条件

1. 气候条件

蔚珍郡大部分地区都有山地环绕，温差较大，但日本海一带受到太白山脉和海流的影响，温差不明显，冬季较为暖和。平均气温 14.3℃，最高气温 35.1℃，最低气温–12.7℃；平均降雨量 1152 mm，其中七月份最高降雨量为 188.3 mm，三月份最低降雨量为 15 mm。

台风是影响日本海区的灾害性天气之一，侵袭此海区的台风平均每年有 2 个，最多的一年可达 4 个，其中强台风每年 4 个或两年 1 个。台风最早出现的时间是 6 月 7 日（1953 年），主要在 6～9 月，该海域内以日本一侧受台风袭击最多，占 60%以上，朝鲜一侧次之，占 22%，穿越海峡的最少，占 12%。

2. 海域条件

该海域海岸线全长 101.2 km，其中陆地岸线 85.14 km，岛屿（含人工岛）岸线 16.1 km，沿海岸线有 8 个邑、面。

由于日本海海域具有寒流和暖流交叉的特点，水温变化从夏季的20℃以上降至冬季的1～10℃，水位最深可达4049 m，平均深度1700 m，无临海工业，水质清澈，渔业资源品种不多，因此主要放流品种有星斑川鲽、牙鲆、大泷六线鱼、许氏平鲉、鲍和海参等，资源量不如黄海丰富。但日本海海岸线湾少、水深，海滨发达，自然景观秀丽，在内陆以太白山脉为中心，陆地旅游观光景点较多，观光游客络绎不绝，旅游发展潜力较大，所以韩国把蔚珍海洋牧场建设成集渔业和观光于一体的复合型海洋牧场。

三、开发情况

1. 基本概况

蔚珍海洋牧场建设分基础建设、海洋牧场开发与建设、后期管理及效果评价三个阶段实施[4]。

2002～2005 年为第一阶段（基础建设阶段）。该阶段重点收集现有资料，开展海域环境特征调查、渔场建设基础调查、放流品种调查，选定候选海域，制定基本计划和前期经济评估等工作。具体来说，2002～2003 年，由韩国海域研究院、韩国国立水产科学院和韩国海洋水产开发院实施海洋牧场基础调查。2004 年正式开始建设。2004～2005 年，由韩国海域研究院、韩国国立水产科学院、韩国海洋水产开发院共同参与，实施海洋牧场基础建设研究开发。

2006～2010 年为第二阶段（海洋牧场开发与建设阶段）。该阶段正式开展人工鱼礁海域的生态环境调查，实施监控苗种生产技术的开发，应用渔场建设及资源养护技术，提出人工鱼礁设置方案，开发藻礁苗种移植技术，实施海藻床构建海域的海藻及栖息动物的监控等正式的海洋牧场建设。

2011～2012 年为第三阶段（后期管理及效果评价阶段）。该阶段原计划于 2010 年完成，但因预算投资未及时到位，推迟到 2012 年才完成建设。在此期间，主要通过水中观光等休闲活动提高国民对海洋的认识和国民生活质量；在形成水产资源、建设海洋牧场、提高渔民收入的同时，为海洋牧场的系统管理与利用成立以渔民为中心的自律管理委员会，确保渔民自律利用与管理；并对海洋牧场示范区建设的成果进行评价，为更多的沿岸海洋牧场提供经验和技术。

蔚珍海洋牧场建设情况如表 4-3 所示。

表 4-3　蔚珍海洋牧场建设情况

项目	基础建设阶段	开发与建设阶段	后期管理及效果评价阶段
建设时间	2002～2005 年	2006～2010 年	2011～2012 年
建设内容	• 海域环境调查 • 渔场建设基础调查 • 放流品种调查	• 人工鱼礁技术 • 苗种生产技术 • 资源养护技术	• 水中观光等休闲业 • 提高渔场及资源养护研究 • 后期管理及评价

2. 投资计划

蔚珍海洋牧场建设总投资 599.7 亿韩元，分为设施投资和研究开发经费两大类。其中渔场建设设施投资 78.56 亿韩元，占总投资的 13.1%；观光设施投资 373 亿韩元，占总投资的 62.2%；资源增殖设施投资占总投资的 9.5%。研究开发经费为 91 亿韩元，占总投资的 15.2%。其具体投资计划如图 4-3 所示。

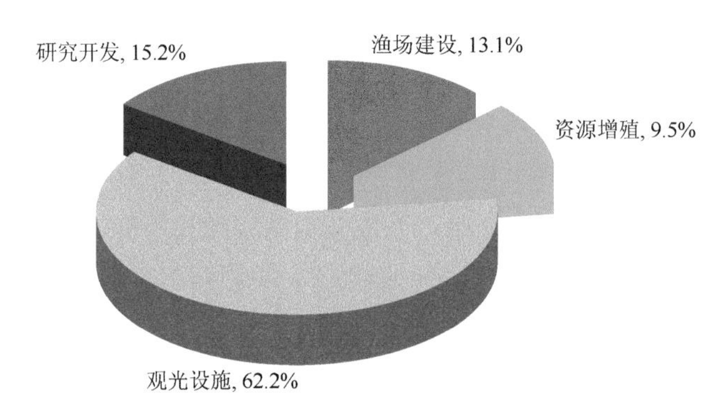

图 4-3　蔚珍海洋牧场投资计划

3. 设施建设

从蔚珍海洋牧场建设开始，便陆续在该海域投放人工鱼礁并进行休闲观光设施的建设。2006 年在平海邑稷山里沿岸投放自然石 3300 m^3·空，并建海藻床一处；截至 2011 年，共投放钢制自然石 18 200 m^3·空、沉船鱼礁 3 艘、钢制及混凝土等各种形态的人工鱼礁 1930 多个。

另外，韩国又于 2012 年 11 月投资 72 亿韩元在该海洋牧场建设目前韩国最大规模的海上有偿垂钓场，由垂钓栈桥和人行道两部分组成，总长度 470 m，能同时容纳 120 名钓客。

4. 苗种放流

韩国在2006年便开始在该海域内持续放流星斑川鲽、牙鲆、许氏平鲉和海参等多个品种；2007年放流星斑川鲽6.4万尾、牙鲆17万尾；2008年，在该海洋牧场以主题公园建设地为中心，集中放流牙鲆 37万尾、许氏平鲉10万尾、星斑川鲽34.4万尾，共计81.4万尾；2009年开始集中实施苗种放流，放流许氏平鲉10万尾、鲈鲉1.5万尾，促进了蔚珍海洋牧场优良品种的生产。

四、关键技术

1. 水质及底质环境管理和污染防治技术

海洋环境是水产生物资源赖以生存的基础，是水生经济动植物生长、繁衍的场所。海水养殖生态系统通过海域中的生物与生物（动物、植物和微生物等）、生物与环境之间相互制约、相互作用而构成相对稳定的统一体。海洋环境的干净与否直接影响海洋中各种鱼类和水生生物的生存、繁衍。因此防止海洋水体污染，净化海洋环境，对海洋牧场的建设具有重大的意义。

2. 水产工程技术

水产增养殖中有鱼礁、浮式消波堤、海藻类附着基质等设施，为确定这些设施的合理设计，要探明作用于设施的波浪、水流的力等的强度特性，不仅要在实验室进行试验，还要到实际海域对设施周围鱼类的行为特点进行调查[9]。通过事先对人工鱼礁设施所在地的海域海底地形和生物的调查，利用水产工程技术，确保人工鱼礁的稳定性，以达到资源增殖的效果。

3. 充分利用苗种生产、中间育成、增殖放流等技术

在海洋牧场建设中，为恢复或增加渔业资源，努力为渔业资源的产卵及栖息提供必要的生态环境，即在通过生息场（人工鱼礁设置或海藻床构建等）为水生生物创造良好的环境后，还需要实施包括苗种生产、中间育成、增殖放流等资源补充增殖的措施，恢复或增加渔业资源，为海洋牧场的建设提供保障。

五、管理水平

1. 保护水面指定和水产资源管理水面指定制度

为了确保海洋牧场建设的成功和有效利用管理海洋牧场，韩国在蔚珍海洋牧场海域制定了保护水面和水产资源管理水面制度。经海洋水产部批准同意，蔚珍海洋牧场水产资源管理水面为 25 km^2，保护期 5 年。在此期间，除休闲垂钓渔业外，禁止大部分渔船作业。为了保护潜水人员和设施安全，在海藻床半径 300 m 内和水中海洋公园 500 m 内，禁止包括垂钓在内的一切作业。

2. 海洋牧场管理利用协议会

为进一步加强管理，还成立了蔚珍海洋牧场管理利用协议会和自律管理渔业委员会，使渔民积极参与海洋牧场建设。海洋牧场管理利用协议会由政府、学校、业界、渔民和民间投资者等共同参与，一般由 13～15 人组成，其中设会长、副会长、干事各一人。协议会每年定期召开两次会议，必要时可以另行召开。会议所需经费由海洋牧场示范区研究机关、渔民及行政机关共同承担，海洋牧场利用管理权移交后由渔民及民间投资者共同承担。

和统营海洋牧场一样，蔚珍海洋牧场指定幼稚鱼育成场、海洋牧场设施保护地及产卵场等保护水面。其余水面指定为水产资源管理水面进行管理，力争在渔民和政府的共同努力下，确保海洋牧场建设成功。

第五节　泰安海洋牧场

泰安海洋牧场的建设与蔚珍海洋牧场的建设同步进行，于 2002 年开始，拟建设成渔业收益和滩涂体验观光收益最大化的滩涂型海洋牧场示范区，即把滩涂和浅海融为一体的复合海洋牧场。根据西海岸滩涂发达的特点，把海洋牧场海域分为滩涂区和浅海区，滩涂区拟建设成滩涂体验观光中心，浅海区拟建设成渔业收益中心。建设的主要内容包括：①通过滩涂生态保全、资源扩大，形成滩涂地区；②充分利用苗种生产、中间育成、增殖放流等技术增加资源量；③采取生态友好的资源管理和有效的海洋牧场利用管理，保障渔业管理的正确性；④加强滩涂体验和捕捞体验设施的建设，发展观光旅游业。

一、地理位置

泰安郡位于忠清南道大田的西北方向（东经 126°18′28″，北纬 36°43′43″），除东面外，三面临海，呈半岛地形，并拥有韩国国内唯一的海岸国立公园，周围还分布有 120 多个大大小小的岛屿。其内陆为丘陵地带，有很多山地作为开垦地已经得到开发，作为农田得到利用；锯齿式的海岸虽然因为海岸线太过弯曲难以充分利用，但改造后还是得到了很好的开发。

泰安海洋牧场，位于忠清南道泰安郡。

二、环境条件

1. 气候条件

泰安郡在春、夏、秋、冬 4 个季节的气温变化非常明显，年平均气温为 12.8℃。年平均降雨量为 1094 mm，6～9 月的降雨量占年降雨量 70%以上，降雨量季节性差异很大，自然条件优越、光照充足，冬季无霜期长。

2. 海域条件

该海域复杂的亚里斯式海岸线长达 530 km，沿岸较浅，潮差大，拥有广阔而又美丽的白沙滩和 120 km^2 的丰富滩涂，是沿岸水产生物的产卵栖息地。同时泰安安眠岛附近海域水质清澈，平均水深 44 m，水温从冬季的 2～8℃逐渐升高至夏季的 24～25℃，盛产对虾等西部海域特有的优质水产品，是网箱养殖和扇贝等大型贝类养殖场。

西海岸唯一的海岸国立公园，有 31 个闻名遐迩的景观，包括韩国人引以为傲的海水浴场、119 个星罗棋布的有人岛和无人岛、滩涂和海岸，因此韩国致力将泰安海洋牧场建设成集捕捞生产、滩涂体验和观光于一体的捕捞观光型海洋牧场，又称滩涂型海洋牧场。

三、开发情况

1. 基本概况

与蔚珍海洋牧场建设相同，泰安海洋牧场的建设也分为三个阶段。

2002～2005 年为海洋牧场建设的第一阶段（基础建设阶段），在此期间主要掌握海域环境和地理特征，选定人工鱼礁设置海域，并确定增殖放流品种，建立有效的增殖放流中间育成技术，为进一步的建设提供保障。

2006～2010 年为海洋牧场建设的第二阶段（海洋牧场开发与建设阶段），此期间进入正式建设阶段，在选定的人工鱼礁设置海域，组织实施渔场建设技术，并开发藻礁苗种移植方法和健康苗种生产技术。

2011～2012 年为海洋牧场建设的第三阶段（后期管理及效果评价阶段），在此期间，首先组织开展泰安海洋牧场海域渔业资源的调查，分析主要品种的资源量；其次就是进行提高渔场资源养护效果的研究，对人工鱼礁设置的效果进行评价；最后就是开展水产品品牌化的研究，提出开发高附加值加工产品的方案。

泰安海洋牧场建设情况如表 4-4 所示。

表 4-4　泰安海洋牧场建设情况

项目	基础建设阶段	开发与建设阶段	后期管理及效果评价阶段
建设时间	2002～2005 年	2006～2010 年	2011～2012 年
建设内容	• 掌握海域环境及地理特征 • 选定增殖放流品种 • 中间育成技术	• 设置人工鱼礁 • 渔场建设技术应用 • 健康苗种生产技术	• 海域渔业资源调查 • 提高渔场资源养护效果的研究 • 开展水产品品牌化研究

2. 投资计划

泰安海洋牧场建设总投资 447.6 亿韩元，分为设施投资和研究开发经费两大类。设施投资分为渔场建设设施、观光设施和资源增殖设施三个领域的投资，其中渔场建设设施建设投资 197.5 亿韩元，占总投资的 44.13%；观光设施投资 39.5 亿韩元，占总投资的 8.82%；资源增殖设施投资 119.6 亿韩元，占总投资的 26.72%。研究开发经费为 91 亿韩元，占总投资的 20.33%。可见泰安海洋牧场与蔚珍海洋牧场相比，由于其不是以海洋观光为目的进行建设的，观光设施所占投资份额较小，而资源增殖领域份额所占比重较大。其具体投资计划如图 4-4 所示。

3. 人工鱼礁

为在沿岸海域形成水产资源产卵场和栖息场，1973～2004 年泰安郡在近兴

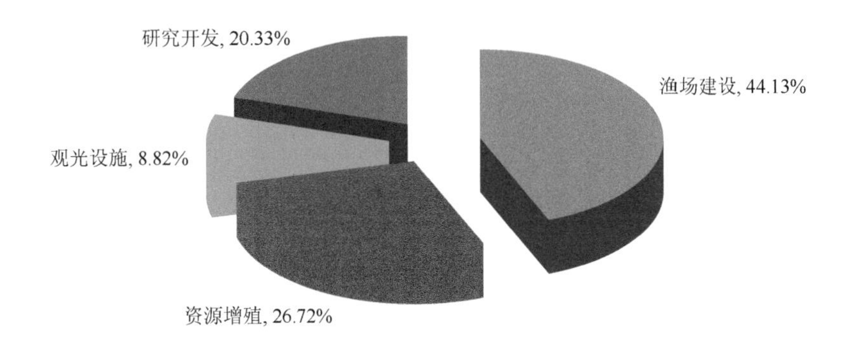

图 4-4　泰安海洋牧场投资计划饼状图

面贾谊岛、安眠岛及外波水岛海域投资 1183.31 亿韩元，共投放 16 092 个人工鱼礁，以四角形鱼礁居多，为泰安海洋牧场的建设奠定了基础。

海洋牧场建设后，韩国在 2005～2006 年投放大型电线杆鱼礁 19 个、四角混凝土鱼礁 24 个、牡蛎礁 4 个及自然石 2205 m^3·空；2007 年投放贝藻类三角形鱼礁 100 个、圆筒两层钢制鱼礁 2 个；2009 年在泰安郡安眠邑投放多功能人工鱼礁 60 个。

4. 增殖放流

泰安郡从 1992 年开始便在沿岸水域进行增殖放流，到 2002 年共投资 18 亿韩元，放流对虾、牙鲆等苗种 2 亿尾。通过海洋牧场的建设，2005 年放流牙鲆 20 万尾，2006 年放流菲律宾蛤仔 16 466 kg，许氏平鲉 18 万尾，2007 年放流许氏平鲉 18 万尾。

四、关键技术

由于泰安海洋牧场和蔚珍海洋牧场同步建设，并且都是建设成观光型海洋牧场，因此所采用的技术大体相同，在开发和设置目标海域的人工鱼礁、海藻床建设等海洋生态环境优化技术，优良品种生产、中间育成技术，音响驯化技术，适合的放流技术，资源养护和海洋资源利用管理等方面进行了一系列开发研究。

1. 水产工程技术与人工鱼礁设计技术

通过事先对人工鱼礁设施所在地的海域海底地形和生物的调查，确定适用于泰安海洋牧场海域的人工鱼礁类型，并利用水产工程技术，确保人工鱼礁的稳定性，以达到资源增殖的效果。

在制定人工鱼礁的建设计划时，不考虑特殊的目的或投放地域，一些常规性的特征参数在鱼礁材料的选定上有一定的参考价值，如鱼礁材料的选择可以有效地刺激较小或较大生物体的生长需求；人工鱼礁材料的选择及设计最好能尽量降低对环境的危害；人工鱼礁选择的材料在避免自身破损、分解等方面都需要有良好的表现，并且不会轻易地活动以致离开礁场[10]。

2. 改进的增殖放流技术

从 2007 年开始，韩国国立水产科学院利用多种标志放流的方式，通过监测自然苗种和放流苗种的混获率和回收率，来调查放流效果。同时，还计划利用微卫星 DNA 的方法，进行亲子鉴别，分析各群体间遗传基因的多样性，并实行钢索标志法等先进的标志方法，以确保调查结果准确性达到最大化。另外，从 2007 年开始，韩国还对许氏平鲉、牙鲆、鲍鱼等品种进行第一阶段放流效果的调查[11]。

五、管理水平

1. 渔场净化、整顿

渔场净化、整顿是指为避免因环境污染而造成的损失，确保有效利用海洋资源和实现可持续发展而开展的措施，应进行如下各项工作：①渔场沉积物的收集或处理；②更新渔场水底泥土；③渔场设施的重新设置。

为了保护和改善渔场环境，韩国《渔业管理法》规定获得渔业执照或渔业许可的渔业人，在三个月以内应当进行渔场沉积物的清理，之后每三年至少进行一次渔场沉积物清理。进行渔场沉积物清理时，还应当根据韩国农林水产食品部规定的方法制定渔场沉积物清理计划，并提交给对水面有管辖权的市长、郡守或区长进行审查批准[12]。

2. 水产资源管理水面指定

水产资源管理水面指定的目的是在人工形成资源的水面上，即人工鱼礁投放海域，通过限制水产动植物的捕捞或采掘行为，有效地利用和管理水面，这对海洋牧场的建设和管理是非常必要的。

为保证海洋牧场示范区的资源管理，经海洋水产部批准，忠清南道于2010年2月到2015年2月在泰安海洋牧场周边7000 hm^2 水域中指定800 hm^2 为水产资源管理水面。

3. 捕获限制

1908年，韩国制定了《渔业法》并开始实施，按照《渔业法》规定渔业类型，区分各种渔业，通过行政许可的才能从事捕捞作业，具有严格的捕捞限制。在此期间，除许可渔业、区划渔业和滩涂体验、休闲渔业等生态体验行为，禁止一切渔业行为，并对禁止捕捞时间及体长和年捕捞量均做出了明确规定[13]。

第六节　济州海洋牧场

济州海洋牧场于2002年开始建设，根据济州岛海域的特点，韩国拟将该海洋牧场建设成海洋观光及水中体验型海洋牧场。历时9年，2010年济州海洋牧场建设完成。自海洋牧场建设以来，济州岛鱼类资源增殖效果明显，鱼类品种也明显增加，种类增加到36种。

从渔场环境、渔场建设、资源养护和管理的观点来看，济州海洋牧场建设的最终目的是增加渔民收入，确保水产品稳定供给，发展休闲观光事业，振兴渔区经济，提高渔民生活水平。为实现这样的目标，济州海洋牧场的建设内容主要包括：①动员当地居民和渔民积极参与，创造适合海洋牧场建设的海洋环境，积极保护水产资源；②开发新的捕捞收入渠道，建立新鲜的水产品流通加工体系，开发可持续的渔业管理模型；③建设特色海洋体验场满足国民对海洋利用的需要，最终提高海洋水产资源附加值。

一、地理位置

济州市位于韩国西南海域济州岛的北部（东经126°32′53″，北纬33°26′30″），南面与西归浦市为邻，北面面向济州海峡，是济州特别自治道的一个城市，海岸线长237.28 km，占济州岛海岸线的56.7%。

济州海洋牧场位于济州市翰京面遮归岛海域，总面积为 23 km^2。

二、环境条件

1. 气候条件

济州岛的济州市属于亚热带气候，冬季干燥多风，夏季潮湿多雨，年平均气温 16℃左右，夏季最高气温 33.5℃，冬季最低气温 1℃，气候温和，有韩国“夏威夷”之称。济州岛地处北纬 33°线附近，却具有南国气候的特征，是韩国平均气温最高、降雨最多的地方。

2. 海域条件

济州海洋牧场所处海域清澈，环境优越，且济州市遮归岛附近海域潮流较大，海底岩礁发达，栖息着大量温水性鱼类，主要品种有七带石斑鱼、石鲷、褐菖鲉、赤点石斑鱼、海螺、皱纹盘鲍、海参。该海域岛屿较少，海面开阔，难以建成类似统营海洋牧场的类型。因此，与济州岛具有的观光资源相结合，将其建设成斯库巴潜水等海洋观光及水中体验型海洋牧场。

三、开发情况

1. 基本概况

济州海洋牧场的建设计划从 2002 年开始至 2010 年结束(后推迟到 2013 年)，建设期限为 9 年（后延长至 12 年），国家投资 350 亿韩元，拟建设成海洋观光及水中体验观光型海洋牧场。与其他海洋牧场建设相同，主要分基础建设、海洋牧场开发与建设、后期管理及效果评价三个阶段实施。

2002～2005 年是海洋牧场建设的第一阶段（基础建设阶段），在此期间主要对海域环境进行调查，在此基础上选定人工鱼礁投放海域，并确定增殖放流品种，为海洋牧场的建设提供基础资料。

2006～2010 年是海洋牧场建设的第二阶段（海洋牧场开发与建设阶段），在此期间重点实施海洋牧场建设的研究开发，主要包括开展藻礁苗种移植技术、苗种生产技术、资源养护技术等；实施人工鱼礁建设。

2011～2012 年是海洋牧场建设的第三阶段（后期管理及效果评价阶段），在此期间主要进行水中观光等休闲渔业的开发，并通过对海洋环境调查来对渔业资源养护情况进行评价等，确立海洋牧场海域利用管理体制，并制定运营规定，提高渔民的资源保护意识等后期管理工作。济州海洋牧场建设情况如表 4-5 所示。

表 4-5　济州海洋牧场建设情况

项目	基础建设阶段	开发与建设阶段	后期管理及效果评价阶段
建设时间	2002～2005 年	2006～2010 年	2011～2012 年
建设内容	·海域环境调查 ·选定人工鱼礁投放海域 ·确定增殖放流品种	·藻礁苗种移植技术 ·苗种生产技术 ·资源养护技术	·水中观光等休闲渔业开发 ·渔业资源养护评价 ·后期管理及评价

济州海洋牧场除了在沿岸建设有偿垂钓场等休闲设施外，还将建设能使观光游客直接进入水中体验海洋牧场的设施，已计划在海底建成水中瞭望塔、水肺潜水区、海底景观带和海底休闲综合小镇。

2. 投资计划

济州海洋牧场建设总投资 580.6 亿韩元，分为设施投资和研究开发经费两大类。设施投资 489.6 亿韩元，占总投资的 84.3%，包括渔场建设设施、观光设施和资源增殖设施三个部分的投资。其中渔场建设设施投资 134.5 亿韩元，占设施投资的 27.5%；观光设施投资 278.95 亿韩元，占设施投资的 57.0%；资源增殖设施投资 76.15 亿韩元，占设施投资的 15.5%。研究开发经费为 91 亿韩元，占总投资的 15.7%。其具体投资计划如图 4-5 所示。

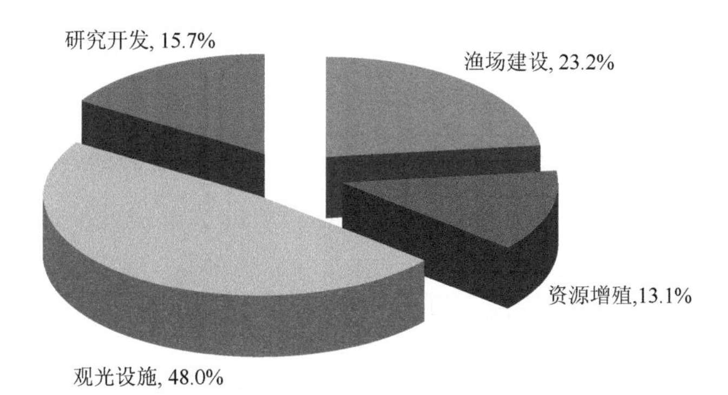

图 4-5　济州海洋牧场投资计划

3. 人工鱼礁

济州海洋牧场海域内，为了建设人工鱼礁渔场，在 2005 年前，韩国便已设置四角形鱼礁 3492 个、钢制鱼礁 12 个。通过海洋牧场的建设，2006 年投放自然石 1800 m^3·空、四角混凝土鱼礁 50 个；2007 年投放人工鱼礁 536 个；2008 年加大投放力度，在海藻床用人工鱼礁设置了 400 个十字形藻礁、100 个半锯齿形藻礁，在鱼类资源形成场复合设置了 400 个四角混凝土鱼礁、3 个圆筒两层钢制鱼礁；2009 年设置 5 个半锯齿形海中林鱼礁、5 个十字形海中林鱼礁；2010 年设置 4 个八角箱式钢制鱼礁、480 个四角形鱼礁。

4. 增殖放流

早在 20 世纪 80 年代，济州岛就开始以地方自治团体为中心进行牙鲆、许氏平鲉等品种的放流，但由于对济州海域的特性不了解，只限定极少数的放流品种。随着济州海洋牧场的建设，韩国从其海域特点和提高渔民收入角度出发，逐步增加了红海参、云纹石斑鱼、鲍鱼等放流品种。2006～2010 年，在该海域共放流 8 个品种，共计 209.04 万尾，其中 2006 年放流 17.04 万尾，2007 年放流 24 万尾，2008 年放流数量高达 44 万尾，2009 年 66 万尾，2010 年 58 万尾。

四、关键技术

为确保海洋牧场建设效果，在济州海洋牧场建设中，韩国吸取已建成的 4 个海洋牧场的经验和技术，开发研究了适合济州海洋牧场建设的技术，主要包括以下几个方面。

1. 人工鱼礁效果调查及珊瑚场构建技术

在韩国建设的人工鱼礁为包括鱼类和其他贝类、海藻在内的物种提供栖息场所，其中混凝土和钢筋作为混凝土礁礁体材料的数量超过装置总数的 90%。在空间上把礁体结构分为框架和面（基板）结构类型。框架结构的珊瑚礁适用于鱼类的生长繁殖，面结构的珊瑚礁主要用于贝类和海藻的生长繁殖。截至 2001 年，韩国人工鱼礁的效果调查已经进行了 1975 起，其中，利用人工鱼礁的捕获量是天然珊瑚礁的 2～13 倍[14]。

同时为了珊瑚的生态保护和珊瑚场的建设，济州海洋牧场通过对珊瑚的分布及特征进行调查，推进生态恢复技术开发和珊瑚的培养技术开发。

2. 健康苗种生产技术

苗种生产是水产养殖和海洋牧场建设的重要保障，只有健康苗种的大量生产，才能保证放流的成活率，对海洋牧场的放流增殖有着重大意义。

为保证海洋牧场示范区放流苗种的质量，韩国组织科研人员进行了放流用优良苗种判定法和放流用优良苗种生产方法的研究。放流用优良苗种判定法研究，是按地区进行遗传学、生化学、生理学和病理学特性等一系列调查比较。放流用优良苗种生产方法研究包括对自然产亲鱼和人工产亲鱼饲料试验，对亲鱼管理、苗种生产基础进行研究。

3. 海藻床构建及效果调查技术

为了形成水生生物的产卵场、栖息场，保护幼鱼和为鱼贝类提供饵料，在一定水深处人工养成马尾藻及大型海藻类，而这些海藻类含有大量的维生素、矿物质等营养成分，充分利用海藻床（海中林）构建技术，不仅能为鱼类和其他水生生物提供必要的避难场所，还能吸收海水中的二氧化碳，增加溶解氧，净化海洋环境，恢复因沿岸环境恶化而消失的海藻床，从而改善水生生物生长、繁殖和索饵的生活环境。

五、管理水平

1. 设置休渔期

韩国农林水产食品部根据海域、渔业种类的不同规定休渔期，休渔期设定后，严禁任何人在实施休渔期的水域进行作业。考虑休渔期的设定给渔民会带来损失，政府可以根据渔场和水面内设置的设定，对拆除费用、保险费、生活费、船员劳务费等基本经费给予财政补贴。

2. 加强渔民宣传

决定海洋牧场建设成败的因素中，技术、资金固然重要，但切实提高渔民利用海洋牧场资源的意识更为重要。因此，韩国在采取措施加强海洋牧场资源利用管理的同时，高度重视对海洋牧场附近渔民的宣传教育。首先让渔民认识海洋牧场海域，同时组织渔民到资源效果好的海洋牧场进行实地参观学习，使渔民亲眼看到资源增殖的效果；然后通过召开渔村契会议随时通报海洋牧场的建设情况，收集渔民意见，使海洋牧场事业更加繁荣。

第七节　韩国海洋牧场建设发展目前存在的问题

经过 20 多年的努力，韩国海洋牧场的研究与建设已日渐成熟，开发与建设海洋牧场的观念也已深入人心。沿海各市县都已经意识到海洋牧场具有环境友好和资源增殖的良好效益，纷纷将海洋牧场建设纳入到本市县的渔业规划中去。但是由于自身海洋经济产业结构和海域环境之间的矛盾，目前韩国海洋牧场建设的发展还存在一定的问题。

一、沿海海域缺乏有效的管理

随着沿海城市人口的增加和产业的发展，沿海海域的污染变得更加严重。韩国目前正面临着沿岸海域水体富营养化和自身污染加重的不利情况。一方面，工业废水和城市废弃物引起的污染严重影响了近海水体的质量和渔业资源；另一方面，增殖放流的幼苗对生长环境要求较高，但一些海域水体的污染，严重影响了幼苗的成活和成长，进而影响了渔业资源的增长。

二、水产养殖业缺乏结构性调整

在韩国海洋牧场建设中，韩国一直在局限的环境中以技术集约为基础追求生产量的最大化，导致水产养殖效率大幅度下降。目前，韩国水产养殖业存在缺乏结构性调整的根本问题，即应该实现环境和养殖技术和谐发展的新形态。为此，韩国计划将沿岸海域分为陆域型、内湾型和外湾型三个圈域，在陆域实施以鱼类为中心的高密度陆地养殖；在内湾推进生态复合型养殖；在外湾实施外海型养殖。

三、养殖业缺乏高附加值产业

韩国海洋牧场的建设在很大程度上促进了水产养殖业的快速发展，但由于世界其他先进国家将传统的养殖转换为高附加值的尖端养殖，日益增加的进口水产品使韩国国内消费市场萎缩，处境十分艰难。为此，利用海洋可用生物资源，结合现代尖端科学技术，重点加强高附加值转基因海洋生物、新医药和新材料、生物和遗产资源等领域的研究开发，提高海洋生物工程技术研究水平，从而提高其附加值。

第八节　韩国海洋牧场建设的成功经验

韩国从 1993 年开始对海洋牧场进行研究，已经走过了 20 多年的发展历程，形成了比较规范的体系模式，虽然还存在上述的问题，但从苗种培育、养殖驯化到鱼礁建设、增殖放流、环境监测等过程都经过了长时间的验证，并且证明是可行的。

一、必要的长期规划

海洋牧场建设是一项功在当代、利在千秋的工程，因此发展海洋经济要从实际情况出发，进行海洋牧场建设可行性研究，并做好长期建设规划，而不是盲目追求发展海洋经济的风头，随意投放一些鱼礁后任其被风浪摧毁。

韩国在 1994～1996 年开始进行海洋牧场建设的可行性研究，并对海洋牧场的建设做了 1998～2030 年的长期规划，希望通过海洋水产资源的补充，海洋牧场的利用和管理，实现海洋渔业资源的可持续增长和利用最大化。

二、良好的政府支撑体系

海洋牧场建设的资金投入是巨大的，而且由于开发技术的不成熟及海洋产业自身的风险性，以营利为目的的企业自然不愿投入资金到建设项目中。因此，海洋牧场建设应该以政府为主体，将资金投入到前期的实验研究和技术创新中，出台支持企业建设海洋牧场的政策方针，同时派科技人员到一些先进的国家进行经验学习，聘请专家队伍在海洋牧场的建设中出谋划策，在禁止渔民进行捕捞活动期间，给予经济上的补助等[3]。

韩国将海洋牧场建设列入国家规划，从国家宏观政策上支持了海洋牧场的建设。同时，各级地方政府也积极出台相关政策法规，引导和支持海洋牧场的建设。

三、较高的渔民积极性

海洋牧场的建设，是一项规模大、投资高的工程，因此需要引导更多人员和资金的投入，以加快海洋牧场的建设。渔民从海洋牧场建设计划的制定到海洋牧场建设过程中，都应当积极参与，充分发挥其作为实质的管理主体的作用。

韩国海洋牧场建设过程中，渔民要积极参与并配合政府的要求。首先，在人工鱼礁的投放过程中，渔民会被禁止在人工鱼礁周围进行捕捞，以免破坏礁体；其次，在进行人工放流后的一段时间，渔民也是不允许捕捞的。因此，要通过对渔民进行持续的宣传和教育，鼓励渔民积极参与组建自律共同体组织。

参 考 文 献

[1] Lee S G，Midani A R. National comprehensive approaches for rebuilding fisheries in South Korea[J]. Marine Policy，2014，45：156-162.

[2] 佚名. 韩国发展海洋渔业的新思路[J]. 饲料广角，2000，(22)：30-31.

[3] 李波. 关于中国海洋牧场建设的问题研究[D]. 青岛：中国海洋大学，2012.

[4] 杨宝瑞，陈勇. 韩国海洋牧场建设与研究[M]. 北京：海洋出版社，2014.

[5] 陈勇，刘晓丹，吴晓郁，等. 不同结构模型礁对许氏平鲉幼鱼的诱集效果[J]. 大连水产学院学报，2006，21 (2)：153-157.

[6] 陈德慧. 基于海洋牧场的黑鲷音响驯化技术研究[D]. 上海：上海海洋大学，2011.

[7] 包特力根白乙，西田明梨. 韩国海洋渔业TAC制度安排及其启示[J]. 海洋开发与管理，2010，27 (9)：70-75.

[8] 刘洪滨，孙丽，齐俊婷，等. 中韩两国海洋渔业管理政策的比较研究[J]. 太平洋学报，2007，(12)：69-77.

[9] 赵荣兴，邱卫华，方海，等. 日本水产工程学研究进展[J]. 现代渔业信息，2011，26 (2)：22-24.

[10] 王磊. 人工鱼礁的优化设计和礁区布局的初步研究[D]. 青岛：中国海洋大学，2007.

[11] 李延森，邱秀兰. 韩国渔业增殖放流的发展与措施[J]. 中国水产，2008，(8)：28-29.

[12] 姜玥. 中韩海洋渔业资源法比较研究[D]. 青岛：中国海洋大学，2012.

[13] Zhang C I，Lim J H，Kwon Y，et al. The current status of west sea fisheries resources and utilization in the context of fishery management of Korea[J]. Ocean & Coastal Management，2014，102 (B)：493-505.

[14] Kim C G，Lee J W，Park J S. Artificial reef designs for Korean coastal waters[J]. Bulletin of Marine Science，1994，55 (2-3)：858-866.

第五章　美国海洋牧场概况

第一节　美国海洋牧场总体发展情况

一、美国海洋牧场总体介绍

美国地处美洲大陆，位于热带和亚热带地区，拥有充足的光照条件，气候适宜，是世界著名的渔业大国，有着优越的渔业发展条件。同时美国拥有 22 680 km 的海岸线，东临大西洋，西临太平洋，这两大海域都是世界的主要渔场，这些优越的自然条件成为美国发展海洋渔业的有力保障。其渔业资源占世界渔业资源的 20%，但是美国的渔业捕捞量只占世界的 5%，大部分都来自人工养殖。

美国的海洋牧场有着悠久的发展历史，一般认为美国是最早进行海洋牧场建设的国家之一，早期的海洋牧场发展大部分是以休闲垂钓为目的，为了保持游钓区的渔业增殖，促进游钓业的发展，早期的海洋牧场建设就是往海里投放人工鱼礁，从而引来众多的鱼群。美国游钓业十分发达，每年到鱼礁区进行垂钓的人数达 5400 万，为全美人数的 1/4，钓捕鱼类占全美渔业总产量的 35%[1]。同时美国的海洋增殖放流历史悠久，早期一些商业组织或个人会培育鱼苗向鱼礁区投放，从而达到增殖的目的。1968 年，美国正式提出海洋牧场计划，并于 1972 年开始实施[2]，先在加利福尼亚海域培育巨型海藻，并取得成功。其后，在联邦政府的统一管理与规划下，海洋牧场不断发展，美国成为海洋牧场建设相对发达的国家。

1968 年以前，在还没有正式提出海洋牧场计划时，美国就有很悠久的人工鱼礁和增殖放流的历史，被视为早期的海洋牧场。如今，这两者成为海洋牧场的重要组成部分，下面分别对人工鱼礁和增殖放流做介绍。

二、美国人工鱼礁建设历程

美国人工鱼礁建设工程可以追溯到 19 世纪 60 年代中期，其灵感来源于 1860 年的一场洪水，洪水将许多大树冲进了海湾，很快枝干上就附着了很多海洋生物，许多大型的鱼类也随之而来。渔民得到启发，遂用木材配合石块，搭建格笼沉入海底，以此引来鱼群。19 世纪 80 年代，有记载在南卡罗来纳州附近的海岸，人们利用废旧的木屋做成人工鱼礁[3]。1935 年，一个热衷于海洋捕捞活动的组织，为了吸引更多的鱼群，在新泽西州梅角海域建立了第一个人工鱼礁。1936 年，新泽西州的里金格铁路公司在大西洋城疗养中心海域附近建成了美国的第二个人工鱼礁。随后，墨西哥湾海域也出现了人工鱼礁的建设，墨西哥湾的第一个人工鱼礁项目是在奥兰治比奇海滩附近的 60～90 英尺①深的海域投放了 250 个废旧汽车的车体，这是墨西哥湾的第一个人工鱼礁[4]。此后，美国的人工鱼礁不断发展，1954 年，亚拉巴马州也开始了人工鱼礁的建设，在当时的墨西哥湾进行投放，主要投放的是废旧汽车，同时投放了一些石斑鱼和真鲷的鱼苗，取得了较好的效果。此后得克萨斯州也开始了人工鱼礁的建设，夏威夷州也紧随其后，在瓦胡岛海域也进行了同样的人工鱼礁的建设，通过往海里投放大量的废旧车船和城市废弃物，形成一个小型的鱼群聚居区，使鱼群的汇集量比之前高了几十倍。这段时期，州政府和联邦政府在人工鱼礁的建设上并没有进行组织和领导，主要以民间活动为主。1968 年，美国正式提出海洋牧场计划，并于 1972 年正式实施，人工鱼礁的建设不仅在海洋，而且在陆地水域也有。随后各州纷纷响应人工鱼礁建设，不少州（得克萨斯州、路易斯安那州、佛罗里达州等）都先后出台各自的人工鱼礁计划，并投入相应的资金，1978 年有 1.4 亿美元被分配到各州用于游钓业的管理工作，1988 年，分配的金额已达到 1.6 亿美元[5]。1990 年美国的人工鱼礁约有 600 个，其中佛罗里达州的最多，有 121 个，其次是北卡罗来纳州 60 个；1999 年，仅佛罗里达州的人工鱼礁就有 1500 个[6]。

美国的人工鱼礁投放量很多，在投放的同时也有过对其投放效果进行评价的记载，在 1960 年，有组织曾对维尔京群岛附近投放的人工鱼礁进行为期 28 个月的调查，结果显示有人工鱼礁投放的海域比未进行人工鱼礁投放的海域产值高出 11 倍左右。这些对人工鱼礁效果进行评价的研究，主要是对进行过人工鱼礁投放的海域和未进行人工鱼礁投放的海域进行比较。人工鱼礁的经济效果确实可观，后来其经济效益引起了联邦政府的注意，联邦政府设置专门的研究机构对人工鱼

① 1 英尺＝0.3048 m。

礁进行正式的研究。1960～1970 年，联邦海洋水产局在墨西哥湾和夏威夷州附近的海域对人工鱼礁的投放效果进行测量与评价，评价结果显示在中层或上层设置浮鱼礁能获得较好的经济效果，这些浮鱼礁能够明显提高捕捞或游钓业的生产率。

总的来说，美国的人工鱼礁建设和其他国家的建设相比有较大的差异，也可能是因为美国的环境比较自由，政府对鱼礁建设的干预相对较少。早期都是民间组织对人工鱼礁进行建设和研究，后来政府才参与其中，开始对人工鱼礁建设进行正式的研究和规模化的组织。美国的人工鱼礁的投放量相对来讲是比较大的，但是大部分都是来自社会团体、组织和民间机构的投资，政府对人工鱼礁的投资明显比日本少。另外，美国的游钓业发达，针对游钓区进行的人工鱼礁的建设也有不少。

三、美国增殖放流发展历程

美国的海洋水产养殖业也有很长的历史，19 世纪末，在公共海域小范围的海洋水产养殖已经存在，到 20 世纪 70 年代，美国才开放部分州的沿海地区的海洋水产养殖权限，允许在规定的区域进行私人海洋牧场建设。1871 年可以说是美国海洋水产养殖的元年，在 1871 年，美国在俄亥俄州建立了第一个鲑鱼孵化场[7-8]，主要解决的是因兴修水利等工程造成的鲑鱼资源量减少的问题。随后，美国在伍兹霍尔海岸建立了第一个海洋鱼类孵化养殖基地，并向基地投放大量的鳕鱼、比目鱼等鱼苗，但是由于没有对鱼卵和鱼苗进行较好的标记，鱼卵和鱼苗会随水漂游，无法进行回收捕捞，也无法准确估计产量情况，因此，当时并没有海洋鱼类孵化养殖基地的成功案例，这导致在之后的 30 年内，美国的海洋鱼类孵化养殖基地数量有所缩减。直到 1948 年，美国国会通过了“马歇尔计划”，因为当时兴修水利（主要是水电站）而造成的哥伦比亚流域鲑鱼的栖息地受损，所以在该项计划中通过了建设 25 个主要鲑鱼孵化基地项目的决定，这些孵化基地的年产值超过 7000 万尾。1971 年，第一个州政府所属的鲑鱼孵化基地开始运营。20 世纪 80 年代，得克萨斯州将红鼓鱼的商业性水产公司关闭，而且当时各种私人、州或联邦政府成立了海洋鱼类孵化养殖基地基金会，使人们可以重新建立新的海洋鱼类孵化养殖基地，从而可以更大范围养殖食用和猎用鱼，这种发展趋势在美国一直持续了几十年。如今，美国的海洋水产养殖业有了较好的发展，美国公众或政府对太平洋鲑鱼的养殖也有了更多支持，其中投入最多资金的项目是阿拉斯加私人海洋牧场（$25 000 000），其次是“马歇尔计划”（$13 000 000）、博纳维尔电力公司项目（$12 000 000）、太平洋西北鲑鱼恢复计划（$8 000 000）及鲑鱼孵化场改革计划（$5 000 000）等项目[9]。

到现在，很多沿海的州利用各自便利的地理条件，开始对海洋牧场养殖技术进行研究，并投入大量的资金，下面是美国主要增殖放流州的一些基本情况（图 5-1）。

图中，绿色标注的区域表示增殖放流活动进行得较多的州，鱼的图标表示在该州附近的海域，主要培育的鱼的品种，机构图标表示研究增殖放流的主要研究机构。表 5-1 是各州的主要研究机构和主要研究的鱼类品种介绍。

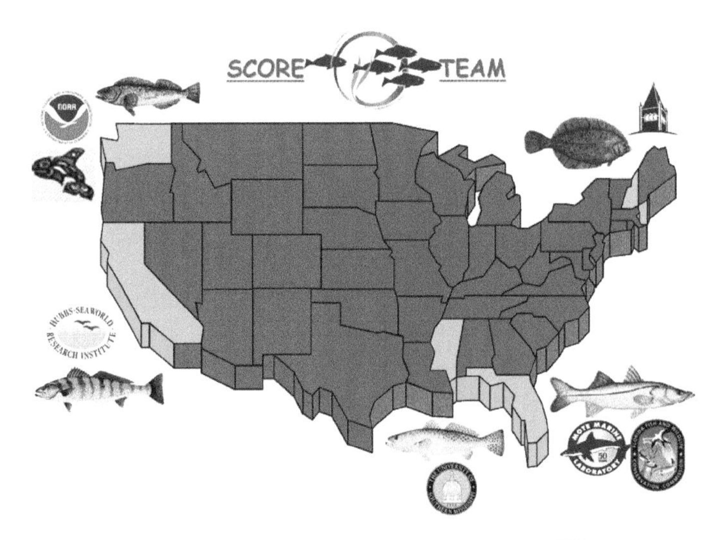

图 5-1　美国主要增殖放流州的基本情况[10]

表 5-1　美国主要增殖放流州的发展情况

州名	研究机构	主要研究鱼类品种
密西西比州	海岸海洋实验室	斑点鳟鱼
加利福尼亚州	哈布斯海洋世界研究所	白鲈鱼
佛罗里达州	莫特海洋实验室	锯盖鱼
新罕布什尔州	新罕布什尔大学	大西洋比目鱼
华盛顿州	美国国家海洋和大气管理局（National Oceanic and Atmospheric Administration，NOAA）	长蛇齿单线鱼

第二节　加利福尼亚州海洋牧场

加利福尼亚州位于美国的西海岸，拥有漫长的海岸线，西面多山，又有径流入海，海洋中形成了天然的加利福尼亚洋流。海洋中洋流的滚动，带来大量的营养盐和鱼类饵料，为鱼类的生长提供了一个适宜的环境，加利福尼亚州的渔业处于全美领先地位。但是加利福尼亚州海洋牧场的主要用途还是在旅游业，绵延几十里的海洋环境自然保护区，优美的自然环境吸引了许多游人。

一、地理位置

加利福尼亚州海洋牧场坐落在太平洋沿岸的索诺马海岸，绵延 10 英里①，往北距离旧金山 160 英里，往南距离萨克拉门托 190 英里，北部距离海洋牧场 6 英里的是一个叫哇啦啦的小镇，小镇上的居民依靠海洋牧场生存，同时，海洋牧场也因小镇居民而更加美丽[11]。

二、环境条件

加利福尼亚州是美国西海岸最著名的繁华地区，位于太平洋东岸，属于地中海气候。夏季干旱少雨，气温炎热干燥，大多数时候气温在 30℃以上；冬季降雨丰富、气候温和湿润，冬季平均气温多在 10℃左右，虽然不太适合出行，但是小雨霏霏的美妙意境也引来众多国内外游客。

加利福尼亚州海洋牧场坐落在加利福尼亚州的西海岸，该海域一直受到加利福尼亚洋流的影响，这股洋流由两部分组成，一部分是来自北方的加利福尼亚寒流，另一部分是来自南方的赤道暖流，这两股洋流在加利福尼亚海域相会，这种条件有利于暖水性鱼类和冷水性鱼类的汇合，是鱼类洄游的必经之路。再加上陆地上有径流入海，能带来鱼类生存所需的营养盐，因此能够形成适合鱼类生存的渔场，渔业资源丰富，适合发展海洋渔业。

① 1 英里 = 1.6093 km。

三、开发情况

加利福尼亚州海洋牧场的开发历程可以追溯到几百年前，在欧洲人没有发现索诺马海岸的时候，当地居民能根据季节的变化，来到这个海滩捕鱼和收集其他的海洋食物。这一片海域为当地居民提供了丰富的鲑鱼、蟹、鲍鱼、蛤类和蚌类等海产品，在沿岸的山上也有许多坚果、浆果和橡子等可食用植物，为当地居民提供了可靠的生活保障。再后来一些俄罗斯人、德国人也来到这里，对这里进行了初步的开发和利用。但是真正的规模化开发还是在 1963 年，一位名为 AlBoeke 的艺术规划者来到这里，一个灵感在他的头脑中闪现，他想把这片美丽的土地规划成人们的第二家园，规划成一个人们可以在这里忘却烦恼、远离城市的喧嚣、能够放松心情的地方。他组织团队花了 2300 万美金买下了 5200 英亩的土地，对动物、植物、泥土、气候及海洋里的动物环境都进行了研究，并对这片土地进行了规划。再后来，Lawrence Halprin 考虑到来这一带度假的人可能会需要租房子，随后提出海洋牧场房区的规划方案，后来便发展成为海洋牧场旅游的一大片房区。

值得一说的是这片海岸上的房子，每年都有许多的度假者来到这里，房屋便成为一种需求，这些房子中许多都是艺术的结晶（图 5-2），艺术家们的作品在这一片区争相绽放，每一栋房子都别有深意，有的坐落在近海的礁石上，有的坐落在远处的山腰，每一栋楼都经过精心的设计，造型优美，每年都会吸引许多学生慕名来此地参观学习。

加利福尼亚州海洋牧场规划的目的就是为了让人们能够在这片绵延 10 英里的悠长的海岸线上，远离城市的车水马龙、忘记工作中的烦恼。到 1990 年，这片海岸已经有一大片红树林、一大片房区、马场等。后来有人提出在此建立高尔夫球场、游泳池、私人机场、网球馆等。发展至今，5200 英亩的土地有 3500 英亩的建筑用地，其中 2310 英亩为私人用地，其余的是公用的或是开放的空间，在这片建筑用地上有众多著名设计师设计的作品，各具特色，十分壮观；还有 1500 英亩是作为保护森林资源用的；剩余的 200 英亩作为哇啦啦小镇的公园和露营场所。

图 5-2 加利福尼亚州海洋牧场海岸的房子[14]

资料来源：http://www.888searanch.com/community/searanch.html

在这片海域中有一个小海湾——卡梅尔湾，1974 年实施海洋牧场计划的时候，在这片海域利用自然苗床，培育了巨型海藻，并取得成效。如今，其培育的巨型海藻吸引众多的海洋生物，水下山脉起伏，海藻成林，海底景观十分美丽。1999 年，卡梅尔湾被纳入海洋保护区。除此之外，卡梅尔湾还分布着卡梅尔州立海洋保护区、洛沃斯角州立海洋保护区等，这些保护区对于卡梅尔湾附近海水的保护十分重要。同时，这些像水下公园的海洋保护区也保护着海洋野生生物和海洋生态系统[12]。

四、关键技术

加利福尼亚海洋牧场涉及的技术很多，大体可以分为以下几个方面。

1. 人工生息场的改良和建造研究

人工生息场的改良和建造研究是指对海洋环境进行人工的改造，使之适合鱼类生存。包括构造人工藻礁、人工鱼礁使鱼类有庇护所，从而在藻礁、鱼礁附近形成一个生物群落，同时还可以构造人工山脉，引起海流滚动，将营养盐带到鱼类生存的区域，为鱼类创造良好的生存环境。

2. 放流品种的行为控制技术研究

放流品种的行为控制技术研究包括生物行为驯化系统、环境诱导技术和转基因技术等，利用声、光、电、饵料等来影响鱼类的活动方式和活动范围，从而较好地控制鱼类的活动。

3. 环境调控技术的研究

环境调控技术的研究包括通过调控水温、海水 pH 等达到增产的目的，有些鱼类养殖场通过一系列环境调控技术来达到一年四季批量化生产的目的，从而提高产量，这是野生或放养模式所无法达到的。

4. 生物资源的监测和评估方法的研究

生物资源的监测和评估方法的研究是通过探鱼仪等监测系统，对水下鱼类进行监测、拍照，获得监测鱼的种类、数量等信息，从而控制养殖场的生物多样性和种群密度等，以此来达到高效养殖的目的。

海洋牧场建设的技术框架如图 5-3 所示。

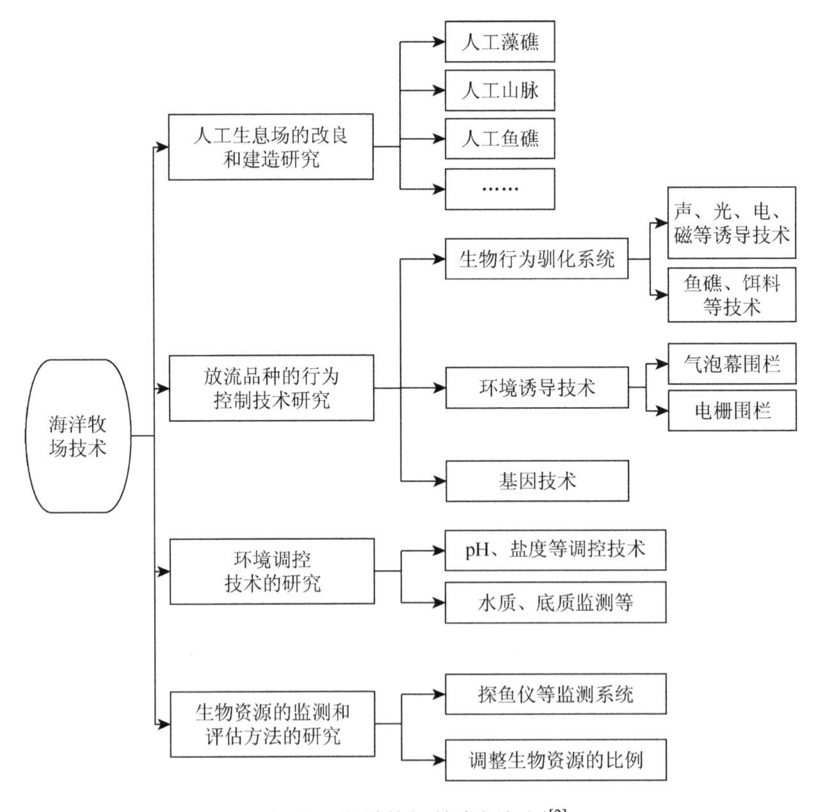

图 5-3　海洋牧场技术框架图[2]

从图 5-3 可以看出，海洋牧场建设涉及的技术很多，除此之外，建设加利福尼亚州海洋牧场的特色技术是巨型海藻培育技术。巨型海藻的大量培育相当于建立大型的人工海藻生息场，巨型海藻能起到人工鱼礁的作用，鱼类在海藻林中生存、避敌、繁衍生息。巨型海藻的培育是加利福尼亚沿海的一大特色，加利福尼亚海藻培育技术始于 1974 年实施海洋牧场计划过程中，美国在加利福尼亚海域利用自然苗床培育出巨型海藻，随后就在这片海域对其进行广泛培养，如今在美国的太平洋沿岸，北至阿拉斯加湾，经过加拿大，南至墨西哥海域都有培育，巨型海藻是海藻中最大的品种，大部分巨型海藻能长到几十米甚至 200～300 m，能够在一片海域内形成大片的海藻林，从而形成鱼类良好的栖息地，大约有 800 种海洋生物依赖于巨型海藻林生存。在海洋牧场建设中，巨型海藻的作用类似于人工鱼礁，能够形成鱼类栖居的环境，几乎整个加利福尼亚海域都生长着这种巨型海藻（图 5-4）。

图 5-4　加利福尼亚海域的巨型海藻

资料来源：https://en.wikipedia.org/wiki/Macrocystis_pyrifera#/media/File.Sanc0063_-_Flickr_-_NOAA_Photo_Library.jpg

五、管理水平

加利福尼亚州海洋牧场有一个海洋牧场社区，该社区成立于 1965 年，截至 2004 年，已发展到含有 500 个成员，他们共同掌管着这片牧场中 2300 hm^2 的公共土地，同时该社区也拥有来自海洋牧场协会的其他成员。

整个加利福尼亚州的渔业管理单位可以大致分为三个机构：联邦政府、加利福尼亚州渔猎委员会及加利福尼亚州议会。表 5-2 整理出了加利福尼亚州的部分渔业管理机构。

表 5-2　加利福尼亚州部分渔业管理机构[13]

鱼种	管理机构
珍宝蟹	商业：加利福尼亚州议会
	休闲：加利福尼亚州渔猎委员会
底栖鱼类	太平洋渔业管理委员会
近岸鱼类	太平洋渔业管理委员会、加利福尼亚州渔猎委员会
加利福尼亚大比目鱼	加利福尼亚州议会、加利福尼亚州渔猎委员会
白鲈鱼	加利福尼亚州渔猎委员会
鲑鱼	加利福尼亚州渔猎委员会、太平洋渔业管理委员会
近海中上层鱼类	太平洋渔业管理委员会
加利福尼亚鱿鱼	加利福尼亚州渔猎委员会
加利福尼亚龙虾	加利福尼亚州渔猎委员会
蟹	加利福尼亚州渔猎委员会

六、存在的问题

加利福尼亚州海洋牧场建设过程中，出现的问题可整理为如下三点。

1. 环境问题

早年几乎整个加利福尼亚海域都生长着大量的巨型海藻，可是后来由于各种环境问题造成巨型海藻的面积大量缩减，在过去的 100 年间，巨型海藻的生长面积缩减了 80%。尽管厄尔尼诺效应对它们的种群数量有不小的影响，但是主要还是人类活动导致的，如人们对环境的污染，导致注入海中的河流和雨水被污染，造成海水水质下降；再如由于人们的过度捕捞，造成生物链顶层的动物减少，使得以海藻为食的海胆大量繁殖，造成海藻的大面积减少，这些行为都对海藻的生存环境造成非常严重的影响。最严重的一次事故是圣奥诺弗雷核电站排出的热水，使得附近海域的水温升高，这就直接造成了超过 150 hm^2 的巨型海藻的大面积死亡[14]。

2. 过度捕捞问题

过度捕捞在海洋牧场建设和发展过程中属于比较常见的问题，如今，鱼类监控技术还不够成熟，海洋牧场生物种群数量控制体系也还处于发展之中。自 1950 年以来，多个品种的鱼类被允许商业化和休闲捕捞，自此在加利福尼亚海域的过度捕捞问题就开始恶化，其中鲍鱼的数量更是急剧减少[15]。另外，由于过度捕捞，使得海洋生物链的平衡被打破，一些地区南部水獭灭绝，以海藻为食的海胆得以大量繁殖，造成了海藻面积大量缩减，随后便开始出现一系列生态问题。

3. 核辐射问题

2011 年 3 月 11 日，日本福岛核电站由于地震和海啸泄漏的核物质，在几天内就到达了美国的西海岸，对加利福尼亚州的海洋生物造成一定的影响。尽管放射性元素还没有达到危害人类的程度，但是，却对加利福尼亚海域的海藻产生影响，海藻吸收了放射性元素，影响以海藻为食的动物，动物食用了含有放射性元素的海藻，影响自身的健康，进而影响整个海洋生态系统[16]。

第三节　阿拉斯加州鲑鱼海洋牧场

阿拉斯加州是美国的渔业第一州，34 000 英里的海岸线及其周围冰冷的水域使其成为世界上最大、最富饶的渔场之一，这里拥有十分优越的海洋环境，渔业产量是美国渔业总产量的一半以上，美国各大超市、餐馆都可以吃到阿拉斯加州的海产品，其渔业在当地经济中占有十分重要的地位。阿拉斯加州气候寒冷，较少发展旅游业，只有少数地区发展休闲垂钓旅游，因此阿拉斯加州海洋牧场主要是用于人工增殖放流。

一、地理位置

阿拉斯加州鲑鱼海洋牧场位于美国最北部的阿拉斯加州，主要分为两大部分，一部分在阿拉斯加湾，紧邻阿拉斯加州最大的城市安克雷奇；另一部分在冰川湾以南、加拿大不列颠哥伦比亚省以西的亚历山大群岛附近的海域。

二、环境条件

阿拉斯加州鲑鱼海洋牧场一部分位于阿拉斯加湾，在美国阿拉斯加州的南端，属于海洋性气候，夏季冰川不断融化，气温在 4～16℃，冬季气候温和湿润，气温在–7～4℃，该海域海洋资源丰富，远离化学生物污染区域，拥有十分优越的海洋环境，在附近海域有天然的阿拉斯加暖流，海水遇到暖流，会将海底丰富的物质带上来，形成上升的补偿流，上升的补偿流能够为该区域带来营养盐和生物饵料，非常适合鱼类生存。

三、开发情况

阿拉斯加州鲑鱼海洋牧场有很长的发展历史，在 20 世纪早期，阿拉斯加州就有一些私人建立的海洋孵化基地，主要集中在东南部，例如，威廉王子湾和科迪亚克岛，但是这些私人渔场取得了短暂的成功后就消失了。在 1900 年，美国通过了一个宪法修正案，要求任何将鲑鱼进行商业交换的个人或组织都应该建立孵化基地。有些公司确实建立了，但是由于管理条件极差，这些公司建立的孵化基地并没有维持很长时间。唯一一个成功的案例是在 1930～1950 年，美国鱼类及野生动植物管理局在阿拉斯加州南部的小港口建立的红鲑鱼的实验基地，这是从美国联邦政府授予人工养殖权限以来的一个转折点。到 1988 年，阿拉斯加州渔业活动管理部门已经在全阿拉斯加州拥有 16 个孵化基地，这些孵化基地每年可生产 3 亿尾鱼苗[17]，到了 2001 年当地已经有 2 个州政府的孵化基地、27 个私人的孵化企业和 3 个联邦政府的孵化基地。州政府的孵化基地主要是为游乐型渔业培育鲑鱼鱼种，对于私人的孵化企业则允许他们经营鲑鱼鱼种和在成本范围内的成年鲑鱼，联邦政府的孵化基地主要是在美国印度事务局的监督下，为梅特拉卡特拉的印度协会做研究提供材料。粉红鲑和大马哈鱼在阿拉斯加州鲑鱼海洋牧场的养殖已颇具规模，威廉王子湾和阿拉斯加东南部拥有世界上杰出的鲑鱼孵化基地，例如，威廉王子湾水产公司拥有北美最大的孵化基地，每年产出 4 亿尾粉红鲑。

阿拉斯加州鲑鱼海洋牧场凭借着优越的地理条件，发展了如此长的时间，成为世界知名的海洋渔业养殖基地，开发得比较彻底，管理条件也比较完善，是比较传统的海洋牧场。

四、关键技术

1. 鲑鱼孵化技术

鲑鱼孵化技术是指人工孵化鲑鱼鱼苗，然后将鱼苗投放大海，以此来增产的技术。阿拉斯加州是鲑鱼之都，鲑鱼是阿拉斯加州渔业生产的主要鱼种，为平衡阿拉斯加州商业渔业的需要和生态环境之间的压力，阿拉斯加州如今拥有 33 个鲑鱼孵化基地，每年都孵化大量的鲑鱼鱼苗，且进行投放养殖供商业捕捞。一些大的孵化基地每年有超过一亿尾鲑鱼鱼苗的产量，全州每年总计有 1.2 亿～1.4 亿尾鱼苗的培育量[19]。

2. 热标记技术

阿拉斯加州鲑鱼的人工养殖多为人工培育鲑鱼鱼苗，然后将幼鱼鱼苗投放大海中，这就涉及标记的问题，哪些鱼苗是人工孵化基地孵化出来的，哪些鱼苗是野生的，以及哪些鱼苗到了适合捕捞的年龄，这在混合养殖的养殖场中都是要解决的问题。热标记技术能够帮助人们更好地监测混合养殖场中的鲑鱼，防止人工孵化的鱼苗逃到野生环境，从而更好地保护野生鲑鱼的生存环境[19]。

五、管理水平

阿拉斯加州水产资源十分丰富，仅商业性水产资源就有上百种，阿拉斯加州渔业管理是可持续发展的典范，阿拉斯加州宪法规定必须保证资源的可持续发展，全面有效的管理是阿拉斯加州渔业得以健康发展的前提。该州政府管理着距海岸 3 英里以内的近海渔业活动，同时美国专属经济区管辖着鲑鱼、蟹和其他一些稀有资源，联邦政府管理着距海岸 3～200 英里海域内的渔业活动，以及鳕鱼、裸盖鱼和底栖鱼类的商业活动。阿拉斯加州的渔业管理机构如表 5-3 所示。

表 5-3　阿拉斯加州渔业管理机构[20]

鱼种	管理机构	职责
鲑鱼	阿拉斯加州渔业狩猎局	资源保护和管理
	阿拉斯加州渔业委员会	政策推广和资源分配
底栖鱼类	国家海洋渔业服务部	资源保护和管理
	美国国家海洋和大气管理局	
	北太平洋渔业管理委员会	政策推广和资源分配
大比目鱼	国际太平洋大比目鱼委员会	资源保护和管理
蟹	阿拉斯加州渔业狩猎局	资源保护和管理
	北太平洋渔业管理委员会	政策推广和资源分配

在整个阿拉斯加湾海域分布着许多大大小小的海洋牧场，这里的管理模式为政府进行宏观管控，个人或组织在允许范围内各自经营。截至 2001 年，在这片海域有 2 个州政府、27 个私人和 3 个联邦政府的海洋牧场。随着渔业的发展，经常会出现过度捕捞的问题，阿拉斯加州的宪法明确规定必须保持渔业的可持续发展，同时它还通过美国专属经济区对鲑鱼、蟹等资源进行管理。另外，阿拉斯加州还通过一些方法来控制捕捞量，例如，对船只规模的限制、捕捞作业的区域及时间、捕捞器具的限制、捕捞渔具的管制等。

六、存在的问题

1. 海洋酸化问题

一直以来，阿拉斯加湾附近的海域相对美国的一些低纬度海域更纯净，但是阿拉斯加州地处高纬度地区，低温的海水能够溶解更多的二氧化碳，导致一定程度上海水酸性较强。再加之，自 20 世纪工业革命以来，阿拉斯加湾附近的海域水质的 pH 一直在下降，酸性的海洋环境会给某些海洋生物的生存带来威胁，例如，会使甲壳类生物无法结壳，珊瑚礁被侵蚀等。酸性的海洋环境给阿拉斯加州的渔业带来不小的影响，如今，不断酸化的海洋环境也引起了联邦政府的关注。

2. 采矿活动的威胁

在阿拉斯加湾的布里斯托尔湾水域拥有着丰富的矿产资源（尤其是铜矿和金矿），这里一方面有着珍贵的高价值矿产资源，另一方面又是美国最大的鲑鱼栖息地。美国环境保护署表示，在矿产开采的过程中，会不可避免地泄漏有毒矿山废弃物，这些都会对鲑鱼栖息地的环境造成严重的影响，而阿拉斯加州的采矿活动已经持续了近十年，珍稀矿产的开采和鲑鱼栖息地环境冲突一直是一个僵持不下的问题，对于是保全鲑鱼栖息地还是开采价值不菲的矿产资源，还需要多方进行进一步的商榷。

3. 别国鲑鱼海洋牧场养殖的威胁

可持续发展和选择性捕捞是阿拉斯加州鲑鱼海洋牧场的一大特色，也是阿拉斯加州鲑鱼海洋牧场长期以来得以良好发展的保障，这也造成了鲑鱼产量相对较少，成本相对较高的问题。从 20 世纪 80 年代以来，世界鲑鱼的供应量一直在增加，其中海洋牧场养殖的鲑鱼供应量增加最明显（图 5-5）。海洋牧场养殖鲑鱼能够通过调控养殖环境，使海洋牧场一年四季都能对鲑鱼进行批量化生产，其产量高、生产周期短、生产成本低、产量稳定等优点，受到了鲑鱼批发商的青睐。近些年，美国进口的海洋牧场养殖鲑鱼数量一直在增加（图 5-6），拉低了鲑鱼市场的整体价格，对阿拉斯加鲑鱼养殖公司造成了较大的影响[21]。

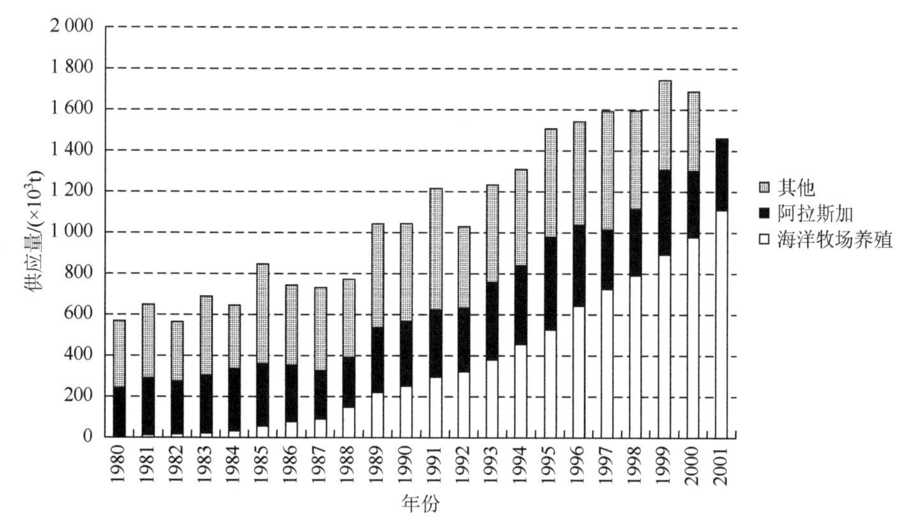

图 5-5　世界鲑鱼供应量

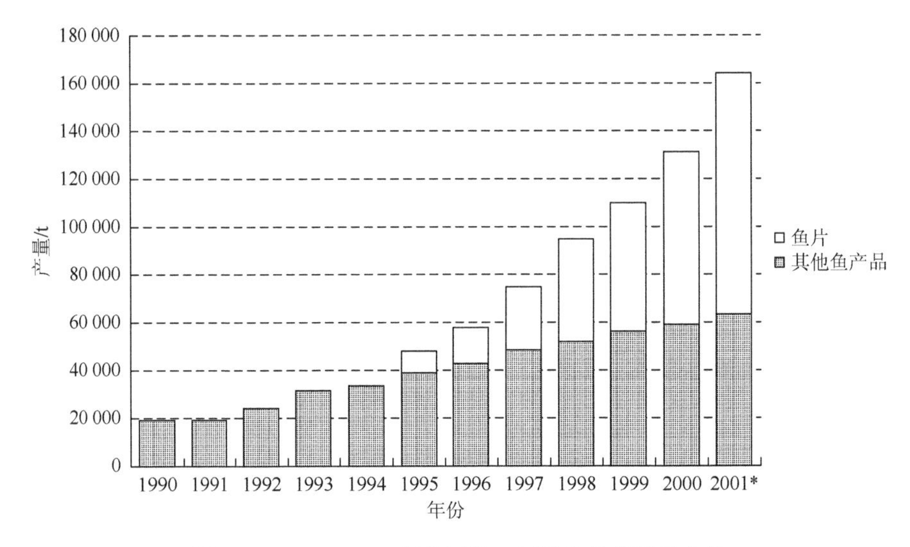

图 5-6　1990～2001 年美国进口海洋牧场养殖鲑鱼量

*2001 年的数据是根据 2001 年 8 月的进口数据估计得来，
2001 年 8 月的进口数据为 64 395 t 鱼片和 42 131 t 其他鱼产品，一共 106 526 t

第四节　墨西哥湾海洋牧场

墨西哥湾也是美国渔业发展的一大圣地，它位于美国的东南端，海洋面积广阔，气候温润，海水温度适宜，加之墨西哥湾的墨西哥暖流，给鱼类洄游创造了条件，这些优越的自然条件非常适合鱼类生存。在 20 世纪 50 年代，就有在墨西哥湾海域投放人工鱼礁的历史，墨西哥湾的渔业发达，其渔业在美国有着重要的地位。墨西哥湾的海洋水产养殖业和人工鱼礁的建设十分发达，联邦政府和墨西哥湾沿岸的州政府对墨西哥湾人工鱼礁的投资规模也很大，下面主要对墨西哥湾人工鱼礁的情况做介绍。

一、地理位置

墨西哥湾地处美洲大陆东南部，大部分被美国大陆环绕，拥有绵长的海岸线，墨西哥湾沿岸包含美国的 5 个州，自东向西分别是佛罗里达州、亚拉巴马州、密西西比州、路易斯安那州及得克萨斯州。这 5 个州都对墨西哥湾有不同程度的开发和利用，墨西哥湾以其丰富的矿产（尤其是石油资源）、渔业资源及其海湾周边众多的人口和繁荣的经济条件，被称为继东海岸和西海岸之后的美国的第三海岸。

二、环境条件

墨西哥湾地处北美大陆的东南端，位于亚热带和热带交界地区，冬季多风，夏季常有飓风侵袭。墨西哥湾大部分都被美洲大陆和墨西哥大陆所包围，光照充足，墨西哥湾内有墨西哥暖流（图 5-7）的注入，将低纬度温暖的海水从尤卡坦海峡注入墨西哥湾，经过在湾内的循环，最终从佛罗里达海峡流出。这股暖流是世界上规模最大的洋流，以 50～200 cm/s 的流速，2500 万 m^3/s 的水量注入墨西哥湾[22]，暖流带来了丰富的生物饵料和营养盐，这种环境非常适合鱼类的生存和繁殖，又因为墨西哥湾地理位置相对封闭，使得海水水温升高，成为一个天然的“热蓄水库”，温暖的海水使得生物的生长速度快，同时又有暖流带来的丰富饵料，给鱼类的生长繁殖创造了良好的条件，因此墨西哥湾是美国渔业发展的一大圣地。

谈到墨西哥湾的海洋环境，不得不说到的是墨西哥湾原油泄漏事件，2010 年

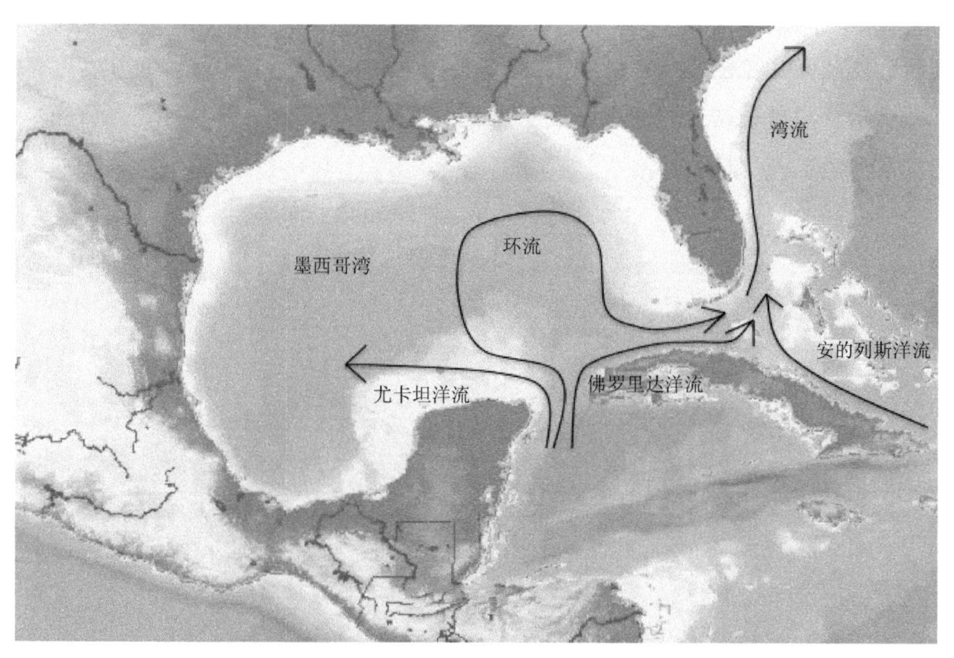

图 5-7　墨西哥湾暖流示意图

资料来源：http://classroom.sanibelseaschool.org/wp-content/uploads/oilspillmap.jpg

4 月 20 日，英国石油公司在墨西哥湾租用的“深水地平线”钻井平台发生爆炸并引起火灾，整个钻井平台沉入海里，并导致大量的原油泄漏，原油在墨西哥湾蔓延。这次的原油泄漏事件对墨西哥湾的海洋环境的威胁是多方面的，首先，钻井平台靠近墨西哥湾沿岸，在这里生存的珊瑚礁受到严重的影响；其次，浮油飘散在墨西哥湾各处甚至被刮到海岸处，对上层的海洋生物带来严重的威胁；最后，油球沉入海底，对下层生物造成威胁，从而威胁整个海洋生物链，波及整个海洋生态系统[23]。墨西哥湾原油泄漏事件造成的生态灾难如图 5-8 所示。

这次的原油泄漏事件对墨西哥湾的海洋渔业带来了重大的创伤，2010 年 5 月 18 日，美国国家海洋和大气管理局关闭了海湾地区方圆 1.8 万 km^2 的海洋牧场，这一举动是为了避免人们食用到含有原油中致癌物的海产品[24]，海洋的石油污染给海洋牧场带来巨大损失。

三、开发情况

墨西哥湾的开发集结了周边 5 个州的力量，即得克萨斯州、路易斯安那州、密西西比州、亚拉巴马州和佛罗里达州，同时联邦政府对这片海域的开发也有一些资金项目，并对这片海域进行管控。下面将从这 5 个州的开发状况介绍墨西哥湾的发展情况。

图 5-8　墨西哥湾原油泄漏事件造成生态灾难

资料来源：http://ndwb.hinews.cn/html/2010-06/18/content_237370.htm

1. 得克萨斯州开发情况

得克萨斯州的人工鱼礁建设可以追溯到1947年，那时人们将各种材料投放到得克萨斯州附近的海域，包括牡蛎壳、废旧轮胎、废旧汽车、施工碎石、废旧游艇等材料[25]。1977年，州政府将11 400个轮胎，分6处投放到附近的海域[26]。随后也有用汽车、混凝土、废旧车船等对沿岸鱼礁进行建设，并取得较好的进展。1982年，得克萨斯州发展人工鱼礁计划，目的在于提高沿岸人工鱼礁的效益，为沿岸渔业和商业提供更多的发展空间[27]。到1993年，得克萨斯州有12个钻井平台人工鱼礁点、5个废旧军舰人工鱼礁点、5个其他材料的人工鱼礁点、8个海湾珊瑚礁点、3个谢尔生物修复人工鱼礁点、5个私人所有的人工鱼礁点及30个在建设中的人工鱼礁点[28]。

2. 路易斯安那州开发情况

路易斯安那州的石油资源十分丰富，在美国的4000多个石油钻井平台中，几乎90%的石油钻井平台位于路易斯安那州的沿海岸，因此，路易斯安那州基于石油钻井平台的人工鱼礁有很多。1986年，路易斯安那州在其所属的海域投放120个钻井平台鱼礁[29]。自从第一批钻井平台在这里开发之后，附近的渔民就发现这些钻井平台带来了可观的经济利益，随后就开始发展与钻井平台鱼礁结合的休闲游钓业。随着1984年美国联邦政府颁布人工鱼礁发展计划，路易斯安那州为响应该项计划，也颁布实施了一系列人工鱼礁方案[30]。2013年，发展近岸的人工鱼礁就有30个[31]，远岸的人工鱼礁71个[32]。

3. 密西西比州开发情况

密西西比州相比其他几个州，是进行人工鱼礁建设相对较少的州。密西西比州开始人工鱼礁的建设是在20世纪60年代，在离岸的海域利用废旧汽车建立人工鱼礁。直到1972年，美国联邦政府开放废旧船只的使用，密西西比州才开始重视人工鱼礁的建设问题。到1993年，密西西比州附近的海岸，拥有州政府所有的人工鱼礁18个，仍在建设中的人工鱼礁有17个[33]。

4. 亚拉巴马州开发情况

亚拉巴马州是在墨西哥湾最早进行人工鱼礁建设的州，该州的自然资源保护区、自然资源部门及海洋资源部门从 1953 年便开始致力于人工鱼礁的建设。第一个人工鱼礁项目就是在奥兰治比奇海滩附近的 60～90 英尺深的海域投放了 250 个废旧汽车，这是墨西哥湾的第一个人工鱼礁。

5. 佛罗里达州开发情况

佛罗里达州对人工鱼礁的建设已有 70 多年的历史，不管在人工鱼礁的总量上还是在年均发展量上都能排美国第一[34]。佛罗里达州三面环海，海岸线悠长，具有很好的发展条件，联邦政府和州政府都对佛罗里达州附近的海域有较大力度的支持。到 1993 年，佛罗里达州拥有的人工鱼礁数目已达 176 个。

从整体上看，墨西哥湾地区的 5 个州都有对人工鱼礁进行较好的建设，人工鱼礁遍布墨西哥湾近岸和稍微远些的海域，墨西哥湾的人工鱼礁整体发展情况和分布如图 5-9 所示（黑点代表墨西哥湾人工鱼礁分布点）。

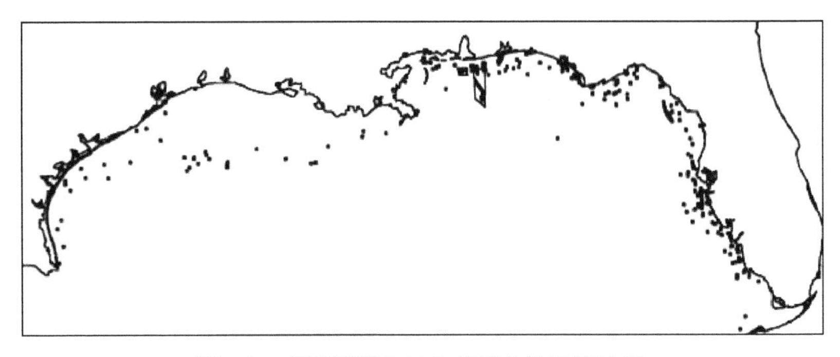

图 5-9　墨西哥湾人工鱼礁整体发展情况图

四、关键技术

人工鱼礁技术是每一个海洋牧场都会用到的技术，墨西哥湾也有许多大大小小的人工鱼礁群，墨西哥湾基于钻井平台的人工鱼礁特别多，这是墨西哥湾海洋牧场的一大特色。墨西哥湾石油资源十分丰富，约有 4000 个石油钻井平台分布在墨西哥湾北部（图 5-10），这些石油钻井平台引来众多海洋生物栖居，形成天然的人工鱼礁群。同时政府或附近的渔民也会以废弃的石油钻井平台为材料布置人工鱼礁，为渔业带来收益。

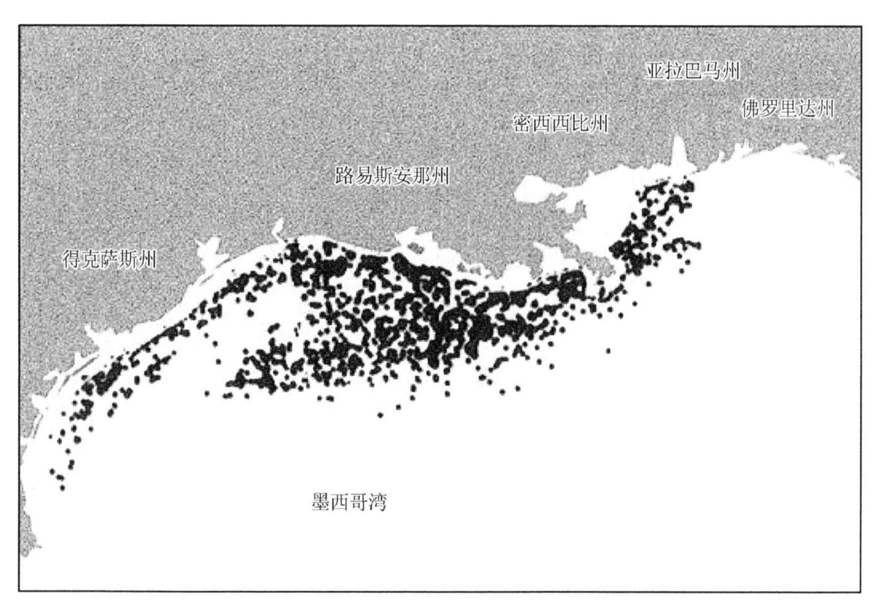

图 5-10　墨西哥湾 4000 个石油钻井平台分布图[35]

五、管理水平

墨西哥湾整个海域的管理体系比较复杂，共划分为 5 个州，各州在各自的范围内进行相应的规划和建设，每个州的渔业管理法律法规不同，同时美国联邦政府对这一区域也进行管控和投资建设，管理情况相对复杂。

六、存在的问题

1. 墨西哥湾原油泄漏问题

墨西哥湾比较明显的问题是环境问题，墨西哥湾石油资源丰富，钻井平台分布在墨西哥湾沿岸，平常石油钻井平台的废弃物也会污染海洋环境。加之，众所周知的 2010 年的原油泄漏事件，大量的原油泄漏在墨西哥湾，导致大量的海洋生物死亡，对墨西哥湾的海洋渔业造成了严重的影响，对生态系统造成了极其严重的破坏。事发后，为避免人们误食石油污染过的海产品，关闭了该区域内 1.8 万 km^2 的海洋牧场，直到石油污染问题得到一定的恢复才逐渐开放。虽然距离原油泄漏事件已有 7 年，但灾害的影响仍在持续。

2. 自然灾害问题

墨西哥湾属于夏季飓风高发地区，每年墨西哥湾渔业都会受到飓风的影响，损失较大。2008 年，墨西哥湾受飓风的影响，虾的年产量减至 600.4 万磅①，比 2007 年同期虾产量减少了 50%。尽管国家和其他的机构或组织都有应对飓风的基金，可以在飓风过后进行修复，但是每年墨西哥湾渔业仍会因飓风而受到较大的损失[36]。

3. 过度开发问题

墨西哥湾的渔业资源十分丰富，但是墨西哥湾优厚的自然资源却没有得到合理的利用，过度捕捞问题严重，在联邦政府监管的鱼种中，约有 29%的鱼种是处于过度开发状态的，另外约 31%的鱼种也即将面临过度开发问题，过度开发带来的直接后果就是鱼种的生长数量少于捕捞数量，从而造成该鱼的种群数量降低，给生物链带来不良影响，进而影响整个生态系统，相比“美国第一州”的阿拉斯加州，墨西哥湾的渔业资源并不逊色，却有着比阿拉斯加州更脆弱的生态系统。也可能是因为整个墨西哥湾周边有 5 个州，很难做到像阿拉斯加州那样对墨西哥湾进行统一的管制，因此环境问题日益严重[37]。

4. 渔业死亡区问题

墨西哥湾的环境问题一直是困扰墨西哥湾渔业发展的难题，从 1984 年开始，墨西哥湾沿岸赤潮频繁暴发，形成了墨西哥湾沿岸的渔业死亡区。这一片死亡区主要是因为在密西西比河流域周边的农民大量使用氮、磷、钾等肥料，经过雨水的冲刷，通过密西西比河流入墨西哥湾，这些肥料会促使墨西哥湾沿岸海域的藻类植物疯狂生长，如果不及时清理掉，这些藻类会消耗掉海域内大量的氧气，造成鱼类无法生存，严重影响墨西哥湾的生态环境和渔业发展。这一问题自 2001 年

① 1 磅 = 0.454 kg。

开始便引起了政府的重视，而且也采取了相应的措施，但是收效甚微。图 5-11 为墨西哥湾遥感影像，图中红色和绿色区域为受赤潮影响的渔业死亡区。

图 5-11　墨西哥湾渔业死亡区遥感影像图[38]

第五节　新泽西州海洋牧场

新泽西州位于美国的东部，是美国人口密度最大的州，面积居美国倒数第四位，地形南北狭长，东面紧临大西洋，拥有漫长的海岸线，海岸线蜿蜒曲折，形成许多优良的港湾。对新泽西州而言虽然渔业不是经济之重，但它在海洋牧场建设上具有十分重要的地位，是人工鱼礁投放最早的州，也是人工鱼礁建设比较发达的州，该州的人工鱼礁堪称美国东海岸最完美的人工鱼礁。该州的人工鱼礁建设主要用于游钓业和其他旅游项目，是其海洋牧场建设比较特别的地方。

一、地理位置

新泽西州海洋牧场坐落在大西洋沿岸的新泽西州海岸线海域，北接纽约州、南接特拉华州，从桑迪胡克到新泽西南部梅角，绵延 25 海里，漫长的沿岸海域都投放有丰富的人工鱼礁。

二、环境条件

繁华的新泽西州是美国东海岸一个美丽的州，坐落于大西洋沿岸，属于温和的温带海洋性气候。地形南北狭长，南北温差比较大，夏季平均气温 14℃左右，冬季为 2℃左右，温和舒适的气候和美丽的自然景色，使得这座城市吸引了世界各地的游客，成为著名的旅游目的地。

新泽西州的这片海域一直受墨西哥湾暖流和拉布拉多寒流的影响，墨西哥湾地形相对比较封闭，信风使海水在湾内聚集，使墨西哥湾形成一个天然的“蓄热水库”，与大西洋水势形成落差，从而形成功能强大的墨西哥湾暖流，暖流一直影响着大西洋海域，加之北方来的拉布拉多寒流，这两股洋流在新泽西州附近的海域相会，强大的水势交汇能够引起海流翻滚，能将底层的营养盐翻滚至上层，为鱼类带来丰富的养料。再加上陆地上有径流入海，能带来鱼类生存所需的营养盐，因此能够形成适合鱼类生存的渔场，渔业资源丰富，适合发展海洋渔业。

三、开发情况

新泽西州海洋牧场的开发历程可以追溯到 1935 年，几位热衷海洋事业的捕鱼者在新泽西梅角附近的海域附近建造了世界上第一个人工鱼礁。1936 年，里金格铁路公司在新泽西州的大西洋疗养中心建立了第二个人工鱼礁。美国游钓业比较发达，当时的人工鱼礁主要是为游钓业建设的，人工鱼礁吸引鱼群，从而达到游钓区渔业增殖的目的。到 20 世纪 40 年代，大量的废旧船只沉放到这片海域，新泽西州海域拥有大量的沉船鱼礁，至今预计共有 4000～7000 个。发展到 1984 年，新泽西州政府颁布了该州的第一项人工鱼礁计划，致力于在新泽西州沿岸的海域建立密集的人工鱼礁群，并进行生物监测，目的是在新泽西州海域建立一个人工生息场，提供贝类和甲壳动物等栖息的场所，同时提供一个鱼群丰富的游钓鱼场和一个优美的潜水场地，共建立了三处大型人工鱼礁，修补了该州的 1200 多处点礁，如今人工鱼礁被垂钓者和潜水者广泛使用。此后，人工鱼礁的经济价值和社会价值得到重视，人工鱼礁在该州又有了广泛的投放，发展到 2004 年，新泽西环境保护局一共申请并建立了 11 个人工鱼礁。到 2005 年，新泽西州获得了第 15 个人工鱼礁建设的许可。

如今在新泽西这片海域中，有总面积超过25平方英里①的共17个人工鱼礁群，这些人工鱼礁群小的仅有 1/2 平方英里，大的可达到 4 平方英里。这些鱼礁群被放置在新泽西 120 km 的沿岸海域，均设置在附近的通航口，这些礁体中一共包含4000 多处点礁。在这片神奇的海域，庞大的人工鱼礁群吸引来 150 多种鱼类和其他海洋生物。如今，新泽西海域的人工鱼礁网，成为全美公认的无与伦比的人工鱼礁群[39]。图 5-12、图 5-13 分别是新泽西州人工鱼礁（点礁）分布图和新泽西州人工鱼礁发展分布图。

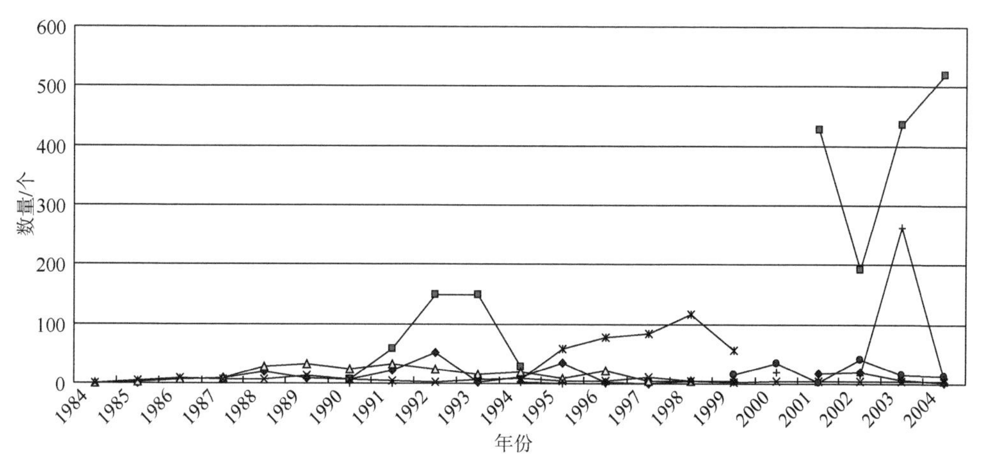

图 5-12　新泽西州人工鱼礁（点礁）数量分布折线图[39]

—◆—混凝土；—■—岩石；—△—轮胎；—×—船；—✱—坦克；—●—礁球；—+—其他

在新泽西州，值得一说的是潜水行业，新泽西州是沉船潜水的一处圣地，该州的海域拥有大量利用废旧沉船和军用物资建造的人工鱼礁，至今仅沉船鱼礁就有 4000～7000 处[40]。沉船本身可以视为一个人工鱼礁，在幽静的海底，吸引来众多鱼群，各种鱼类在这里生存、避敌、觅食，是海洋生物的家园，潜水时可以与众多美丽的海洋生物亲密接触；沉船又是一座水下遗产，有着神秘的历史和背景故事，再加上复杂的结构和充满时代韵味的残骸，吸引了国内外无数潜水爱好者。

① 1 平方英里 = 2.590km^2。

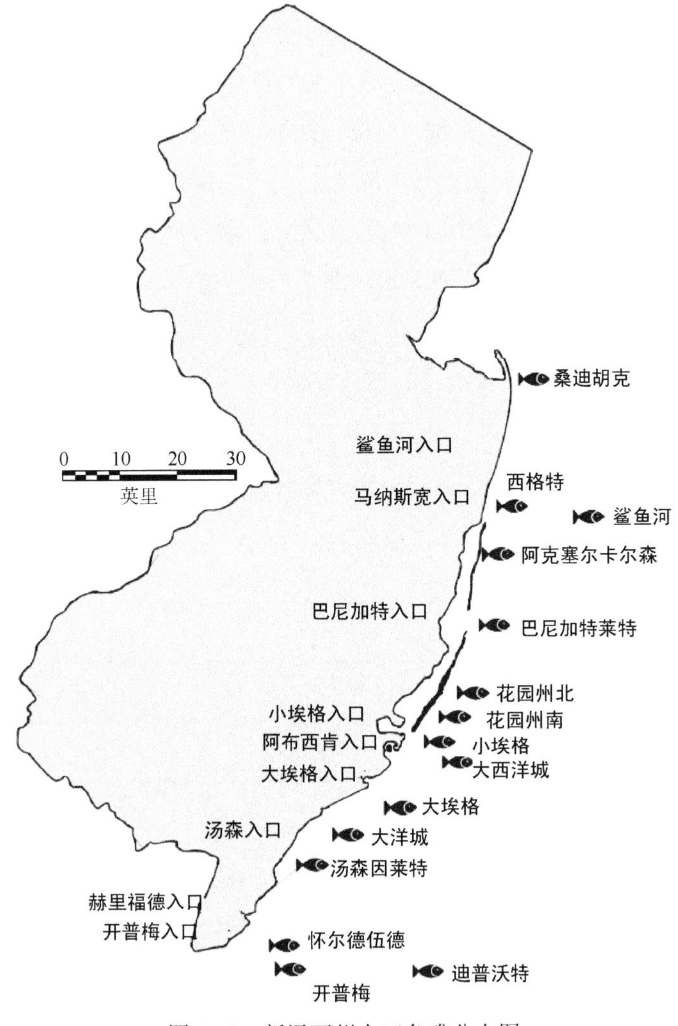

图 5-13　新泽西州人工鱼礁分布图

资料来源：http://njscuba.net/reefs/index.php

四、关键技术

沉船鱼礁：废旧的沉船本身就是良好的人工鱼礁材料，沉船的上半部分良好的结构，能够为上层鱼类提供优良的上层栖息场所；同时船的下半部分也能够成为底层鱼类的栖息地；再加上船体巨大的表面积，能够为贻贝、附着甲壳动物、管虫及其他附着生物提供十分充裕的生活场地，使整个沉船鱼礁周围能够形成一个小的生态系统。如今，沉船已成为海洋牧场中鲈鱼、隆头鱼和鳕鱼等底层鱼类生存繁衍的主要场地，同时能够为无数潜水爱好者的娱乐性潜水活动提供十分优良的场地。新泽西州的沉船鱼礁大部分是来自于200年前的海洋灾难及第一次世界大战和第二次世界大战中的废旧军用物资，大量的沉船鱼礁成为新泽西州海域人工鱼礁建设的一大特色。图 5-14 为新泽西州投放沉船鱼礁的图片。

图 5-14　新泽西州投放沉船鱼礁图片

五、管理水平

新泽西州海域的渔业管理有两个主要的力量——联邦政府和州政府。对新泽西州而言，主要管理力量为新泽西州海洋渔业管理委员会，下面对新泽西州海域的渔业管理委员会进行介绍。

1. 新泽西州海洋渔业管理委员会

新泽西州海洋渔业管理委员会（New Jersey Marine Fisheries Council）由州长直接任命的 11 个成员组成，该委员会的职责和权利有以下几点。

1）负责修订和审查渔业管理委员会发布的渔业管理计划；

2）授权或否决新泽西环境保护局提出的法规及政策；

3）向新泽西环境保护局推荐良好的海洋渔业管理条例及政策；

4）推荐相关物种的公民管理小组；

5）分析与海洋渔业项目运作相关的经济、社会和生态数据。

2. 中部大西洋渔业管理委员会

中部大西洋渔业管理委员会（Mid-Atlantic Fisheries Management Council）是一个联邦理事会，由来自从纽约州到南卡罗来纳州的东部沿岸各州代表组成，该委员会主要负责渔业管理计划的制定和发布，还负责划分特别管理区。

3. 大西洋沿岸州海洋渔业委员会

大西洋沿岸州海洋渔业委员会（Atlantic States Marine Fisheries Commission）是一个州际委员会，有来自从缅因州到佛罗里达州的各大州的代表，该委员会主要管理居住在大西洋沿岸各州的各种海洋物种。在大西洋沿岸州海洋渔业委员会之下，有一个人工鱼礁技术协会，由来自各州的代表及联邦环境机构的代表组成，该协会每半年举办一次会议，目的是促进信息交流、解决沿岸事物、协调研究和建设的各项事物及制定标准规则等。新泽西环境保护局在每一次会议中都有委派代表，作为人工鱼礁计划的投票成员。

4. 新英格兰渔业管理委员会

新英格兰渔业管理委员会（New England Fisheries Management Council）是一个联邦委员会，由从康涅狄格州到缅因州的各沿岸州的代表组成，该委员会主要负责管理新泽西州人工鱼礁区域内的底栖鱼类，特别是鳕鱼。该委员会有 10 项正在实施的计划，每一项计划都有一个代表性的简短故事与一些对目前管理计划的非技术性的总结，还包括一些即将举行的会议和一些相关文件等内容。

新泽西州的渔业管理情况如表 5-4 所示（包括联邦的南大西洋渔业管理委员会）。

表 5-4　新泽西州的渔业管理情况[41]

	黑鲈鱼	蚝隆头鱼	大西洋牙鲆	鲷鱼	扳机鱼	鳕鱼	虾
大西洋沿岸州海洋渔业委员会	√	√	√	√			√
中部大西洋渔业管理委员会	√		√	√			
新英格兰渔业管理委员会						√	
南大西洋渔业管理委员会					√		

大西洋沿岸州海洋渔业委员会拥有黑鲈鱼、蚝隆头鱼、大西洋牙鲆、鲷鱼和虾的管辖权；中部大西洋渔业管理委员会管理着新泽西州人工鱼礁附近的黑鲈鱼、大西洋牙鲆和鲷鱼；在1985年以前，鲷鱼和石斑曾经是南大西洋渔业管理委员会渔业管理计划的一部分；新英格兰渔业管理委员会只拥有鳕鱼的管辖权；南大西洋渔业管理委员会只拥有扳机鱼的管辖权。

六、存在的问题

1. 过度捕捞问题

大西洋的渔业资源十分丰富，大西洋沿岸分布着许多国家，各国的渔民纷纷到海里捕鱼，过度捕捞问题一直得不到很好的控制。据美国国家海洋和大气管理局统计，在美国沿岸的一些比较重要的物种中，处于过度捕捞状态的有：大西洋牙鲆、大西洋比目鱼、大西洋鲟、扁鲨、鲷鱼、黑鲈鱼、方头鱼、龙虾和扇贝；处于完全捕捞状态的鱼种中，包含了很多对新泽西州十分重要的鱼种，如海贝、鳕鱼和竹荚鱼。还没有处于过度捕捞状态的鱼种，是一些在东部市场价值相对较低，捕捞意义不大的鱼种，例如，红鳕鱼、大西洋鲱、大西洋马鲛鱼、鲳鱼和角鲨。对于保护这些过度捕捞的物种，最大的挑战就是如何协调大西洋沿岸的各州，找到一种合理的方式，来保护和恢复这些被过度捕捞的物种，并提高它们的市场价值[42]。

2. 环境污染问题

新泽西州是美国人口密度最大的州，经济地位居美国第7位。繁华的新泽西州拥有强大的制造业，制药业尤为发达，在繁华的经济大都市背后，环境条件却不是很理想，美国自然资源保护委员会对新泽西州的海滩做了调查，结果显示有64个受污染的海滩。虽然新泽西州的环境还没有恶化到很严重的地步，但是对新泽西州渔业和人工鱼礁建设还是有一定程度的影响。

第六节　美国海洋牧场建设发展目前存在的问题

美国海洋牧场在发展的过程中面临一系列问题与挑战，概括如下。

一、来自发展中国家的竞争压力大

美国虽说是渔业大国，但是与世界其他国家相比，美国的海洋渔业产出量还是相对较少的（表 5-5），虽有丰富的滨海渔业资源，但是其生产成本却比较高，发展中国家廉价的劳动力和廉价的生产材料，都给美国的海洋牧场建设造成很大的影响，因此，美国的海产品供应几乎有一半是进口国外低廉的海产品。2013 年，美国渔业进口额达 190 亿美元，比 2012 年增长 8%；2014 年，美国的水产品进口额为 203.1 亿美元，位居世界水产品进口量第一位[43]。

表 5-5　海洋捕捞渔业的主要生产国渔业总产量[44,45]　（单位：t）

国家	年份			
	2011	2012	2013	2014
中国	13 536 409	13 869 604	13 967 764	14 811 390
印度尼西亚	5 332 862	5 420 247	5 624 594	6 016 525
秘鲁	8 211 716	4 807 923	6 783 462	4 775 249
美国	5 131 087	5 107 559	5 115 493	4 954 467
俄罗斯	4 005 737	4 068 850	4 086 332	4 000 702
日本	3 741 222	3 611 384	3 621 899	3 630 364

二、沿岸海域发展不均衡

美国海洋牧场受早期民间投资和自然、历史、地理等因素的影响，沿海的各大海湾和各大州的发展情况不均衡。海洋牧场的主要力量集中在美国南部的墨西哥湾、西海岸沿岸及阿拉斯加海域，东部地区也有海洋牧场与人工鱼礁的建设，但是相比于墨西哥湾等地区，相对较少。墨西哥湾受地理因素的影响，有着丰富的石油资源，因此钻井平台人工鱼礁十分丰富，号称世界上最大的人工鱼礁群，是人工鱼礁建设史上的奇观[45]。西海岸的海洋牧场建设也比较发达，得益于美国 1968 年的海洋牧场计划，在加利福尼亚海域培育了第一批巨型海藻，巨型海藻在加利福尼亚海域形成大片的海藻林，鱼类在此繁衍、觅食和避敌，是一片天然的人工海藻林。如今，巨型海藻的培育北至阿拉斯加海域、南至墨西哥，已形成一片巨大的人工海藻生息场，成为鱼类繁衍生息的场所。墨西哥湾、西海岸、阿拉斯加湾的海洋牧场都得到了相对充分的发展，而东海岸一些州的海洋牧场建设的发展相对较缓慢。

三、民间投资的管理难度大

美国在海洋牧场建设问题上，与其他国家有很大的不同是美国民间投资居多。这归因于早期美国海洋牧场建设时，大部分是为游钓区渔业增殖而建设的，这些基本都是民间投资。发展至今，民间投资依然占据很大比例，民间投资的特点是缺少统一的规划，形式比较散乱，很难对其进行统一的管理与控制。此外，民间投资占比过大，与政府投资不平衡，也使政府管控变得更加困难。因此，民间投资的管理问题成为美国海洋牧场建设发展过程中亟待解决的问题。

四、海洋牧场鱼类与野生鱼类的管理有待突破

海洋牧场鱼类与野生鱼类的管理问题一直是管理海洋牧场的一个难题，即使现在音响驯化技术、标记技术与回捕装置技术等已经相对成熟，但是海洋牧场的回捕率仍难达到理想的标准；同时，海洋牧场鱼类的种群密度、种间的生物多样性、放流存活率、发病率等都是有待进一步研究和解决的问题；此外，野生鱼类优胜劣汰，捕食能力和抗病能力都在牧场鱼类之上，牧场鱼类能否与野生鱼类“和平共处”，以及对野生优秀种群抗病基因的研究，都是海洋牧场鱼类管理需要进一步研究的问题。

五、海洋牧场喂养繁殖等问题

美国海洋牧场建设中的喂养繁殖等问题是海洋牧场建设中普遍存在的问题，在对鱼类进行人工繁殖的过程中，繁殖品性优良的幼鱼是十分必要的，同时，许多珍贵鱼种的有效大量繁殖仍然是一个难题。在喂养问题上，大型海洋牧场众多鱼种的喂养饲料种类繁多，对饲料的选取要经济环保，不同鱼类的喂养方式也不

尽相同；对一些肉食性动物的喂养和管理比较困难，若管理不当，鱼类逃到野生环境，还会对生态环境造成一定的危害。此外，还有防病问题、基因控制问题、与野生种群的关系问题、海洋牧场垃圾问题等，都是海洋牧场建设中需要解决的问题。

第七节　美国海洋牧场建设的成功经验

一、统一合理的管理

统一合理的管理是美国人工鱼礁得以良好发展的因素之一，其成功之处在于以下几个方面。

1. 对游钓业的统一管理

美国游钓业十分发达，参与游钓的人数占全国总人口数量的 1/5 左右，钓捕鱼类占美国渔业总产量的 35%。大量的商业性游钓娱乐的需求，使得不少鱼类都面临着被过度捕捞的危险，还有不少鱼种濒临灭绝。美国于 1988 年颁布了《游钓渔业政策》，对游钓人员进行统一管理，所有游钓人员都需要“持证上岗”，在拿到游钓证之前需要经过系统的培训，尤其是对鱼类的辨别，受保护的鱼类禁止垂钓。游钓业是美国渔业比较特殊的地方，统一有效的管理，是使美国游钓业得以良好发展，也是使自然生态也得以良好维持的有效方式。

2. 对人工鱼礁建设的统一管理

美国早期的海洋牧场建设以民间组织为主，大多数是服务于游钓业的，由垂钓渔业协会、企业和地方政府建设，虽然得到了较大的发展，但是组织结构比较分散，缺乏统一的指导和管理体系，发展状况也参差不齐，由此带来了很多矛盾。后来于 1984 年，美国国会通过了《国家渔业增殖提案》，肯定了人工鱼礁的经济和社会价值，并对人工鱼礁建设实施统一的规划和管控，实行许可制度，后期的人工鱼礁建设都需依照国家的功能、经济效益等指标进行，以此来规范美国鱼礁区海洋牧场的建设，促进海洋牧场的发展。正是由于政府合理的规划和管理，才使得美国的鱼礁区海洋牧场得到迅速的发展。

二、可持续发展

1. 海洋牧场可持续发展

建设可持续发展的海洋牧场是美国海洋牧场建设成功的关键因素之一。在建设可持续发展的海洋牧场问题上，阿拉斯加州海洋牧场堪称可持续发展建设的典范，阿拉斯加州通过统一的管理，严格控制着该州的渔业活动，捕什么鱼、用什么网都有明确的规定，未成年的小鱼是禁止捕捞的，通过类似的方法来控制捕捞量。同时，颁布《濒危物种保护法》对濒危物种的捕捞进行控制，阿拉斯加州的可持续发展政策正是阿拉斯加州渔业能够长时间发展、经久不衰的重要保障。

2. 游钓业可持续发展

可持续发展这一点在游钓业中也有较好的体现，美国政府为保护和支持游钓业的可持续发展，采取的政策是多方面的，最为重要的一点是1988年颁布的《游钓渔业政策》，对游钓业给予了大力的支持[46]。如今，进行垂钓活动都要求“持证上岗”，对禁渔区、禁渔期、渔具限制、最小渔获体长及总允许渔获量等都有严格规定。同时，在进行游钓之前必须先进行鱼类的辨别学习，美国政府制定了《濒危物种保护法》后，对可垂钓的鱼种有了很严格的限制，例如，在得克萨斯州，就只允许垂钓包括海鲈鱼、大海鲢、枪鱼等在内的 24 种鱼，充分保护了游钓区鱼类的可持续发展。

3. 选择性捕捞与合理增殖

美国海洋牧场与其他发展中国家海洋牧场批量生产的不同之处在于美国更注重环境保护与可持续发展。选择性捕捞与合理增殖是维持可持续发展的一种良好手段，这虽然造成美国渔业产量较低，成本偏高，养殖产业受到发展中国家海洋牧场养殖鱼类的威胁，但是，这种方式却能使养殖业得到持久的发展，尊重自然生态规律，正是可持续发展之道。相反，发展中国家不计环境成本，大批量生产鱼类，会造成海洋牧场环境恶化，使其环境不再适合鱼类生存。因此，美国渔业能较好地处理环境与海洋牧场的关系，实现可持续发展，正是美国海洋牧场发展的成功之处。

4. 商业性游钓经济效益高、污染小

美国的游钓业十分发达，游钓区海洋牧场的建设相对于发展中国家批量的海洋牧场养殖来说，更加商业化、更加注重经济效益。同时，游钓区海洋牧场比批量养殖的海洋牧场，对生态环境的影响小很多，这是许多以政府为主导的发展中国家海洋牧场需要学习的经验之一。虽然游钓情况视国情而定，不可能要求每个国家都有美国那样大的游钓需求，但是其他国家也能尝试建立生态相对友好的游钓区或海洋牧场度假区，在带来经济效益的同时，也能收获生态效益。

参 考 文 献

[1] 朱孔文，孙满昌，张硕，等. 海州湾海洋牧场 人工鱼礁建设[M]. 北京：中国农业出版社，2010：12.

[2] 杨金龙，吴晓郁，石国峰，等. 海洋牧场技术的研究现状和发展趋势[J]. 中国渔业经济，2004，(5)：48-50.

[3] Subcommittees A R，Lukens R R，Selberg C. Guidelines for marine artificial reef materials[J]. Atlantic and Gulf States Marine Fisheries Commissions，2004.

[4] The United States，Alabama. Alabama's artificial reefs a fishing information guid[R]. Alabama Department of Conservation and Natural Resources，2009.

[5] McGurrin J M，Stone R B，Sousa R J. Profiling United States artificial reef development[J]. Bulletin of Marine Science，1989，44（2）：1004-1013.

[6] 杨宝瑞，陈勇. 韩国海洋牧场建设与研究[M]. 北京：海洋出版社，2014：206-207.

[7] 马涛. 美国加拿大渔业考察报告[J]. 山西水利科技，2003，(2)：4-7.

[8] Moring J R. The creation of the first public salmon hatc hery in the United States[J]. Fisheries，2000，25（7）：6-12.

[9] Leber K M，Kitada S，Blankenship H L，et al. Stock Enhancement and Sea Ranching：Developments，Pitfalls and Opportunities[M]. Second Edition. New Jersey：Wiley-Blockwell，2004：11-24.

[10] Leber K M，Berejikian B A，Lee J S F. Research and development of marine stock enhancement in the US[J]. Science Consortium for Ocean Replenishment，2012.

[11] Wikipedia. Sea ranch，California[DB/OL]. [2017-05-25]. https://en.wikipedia.org/wiki/Sea_Ranch，_California.

[12] Wikipedia. Carmel-by-the-Sea，California. [DB/OL]. [2017-05-25]. http://en.wikipedia.org/wiki/Carmel-by-the-Sea,_California.

[13] Dungeness crab task force project team. California fishery management overview，California dungeness crab task force[Z]. [2017-06-25].

[14] California Coast Keeper Alliance. Southern California giant kelp restoration project[R/OL]. [2017-06-25]. htpp://www.doc88.com/p-563146701629. html.

[15] Rogers-Bennett L，Allen B L，Davis G E. Measuring abalone（Haliotis spp.）recruitment in California to examine recruitment overfishing and recovery criteria[J]. Journal of Shellfish Research，2004，23（4）：1201-1207.

[16] 杨林林. 美国：加利福尼亚沿岸海藻含有来自日本的核辐射[J]. 渔业信息与战略，2012，27（3）：247.

[17] Kelly M D，McMillan P O，Wilson W J. North Pacific salmonid enhancement programs and genetic resources：Issues and concerns. US Department of the Interior，National Park Service[R]. Tech. Rep.

NPS/NRARo/NRTR-90/03，Washington，DC，1990.

[18] Heard W R. Alaska salmon enhancement：A successful program for hatchery and wild stocks[J]. Ecology of Aquaculture Species and Enhancement of Stocks，2001：149.

[19] Kelly M D. Evaluating Alaska's Ocean-Ranching Salmon Hatcheries：Biologic and management issues[J]. University of Alaska Anchorage，Environment and Natural Resources Institute（for Trout Unlimited），2001.

[20] Alaska Seafood Marketing Institute. 阿拉斯加海产可持续发展的典范[R]. [2017-06-25]. http: //alaskaseafood.org/sustainability/clocuments/CHINESEsustainabilityborchure.pdf.

[21] Knapp G. Challenges and strategies for the Alaska salmon industry[EB/OL].（2003-11-18）[2017-10-26]. http: //alaskaneconomy. uaa.alaska.edu/Publications/Knapp%20Salmon%20Presentation%2001.pdf.

[22] Leipper D F. A sequence of current patterns in the Gulf of Mexico[J]. Journal of Geophysical Research，1970，75（3）：637-657.

[23] 贝少军，董燕. 墨西哥湾溢油启示录[J]. 中国海事，2010，(6)：4-6.

[24] 方陵生. 墨西哥湾原油泄漏事件影响海洋生态的五个问题[J]. 世界科学，2010，(6)：7-8.

[25] Crowe A，McEachron L W. A Summary of Artificial Reef Construction on the Texas Coast[M]. Texas：Texas Parks and Wildlife Department，Coastal Fisheries Brach，1986.

[26] Benefield R L，Mercer W E. Artificial Reef Construction and Natural Reef Marking in Texas Bays[M]. Texas：Texas Parks and Wildlife Department，Coastal Fisheries Brach，1982.

[27] Osburn H R. Texas artificial reef plan[J]. Bulletin of Marine Science，1994，55（2-3）.

[28] Osburn H R，Culbertson J. Artificial reef development in Texas[J]. Profile of Artificial Reef Development in the Gulf of Mexico，1993：48-57.

[29] 徐勤增. 牡蛎壳人工鱼礁生态效应与生态系统服务价值评价[D]. 北京：中国科学院大学，2013.

[30] Wilson C A，van Sickle V R，Pope D L. Louisiana Artificial Reef Plan[M]. Louisiana：Louisiana Sea Grant College Program，1987.

[31] Louisiana Wildlife and Fisheries. Louisiana artificial reef program inshore reefs[Z].（2013-05-25）.

[32] Louisiana Wildlife and Fisheries. Louisiana artificial reef program offshore reefs[Z].（2013-04-16）.

[33] Buchanan M. Artificial reef development and management in Mississippi[R]. A Profile of Artificial Reef in Gulf of Mexico，1993：42-47.

[34] Virginia A V. Artificial reef development and management in Florida[R]. A Profile of Artificial Reef in Gulf of Mexico，1993：17-34.

[35] Ditton R B，Auyong J. Fishing offshore platforms central Gulf of Mexico：An analysis of recreational and commercial fishing use at 164 major offshore petroleum structures[J]. Government Reports，Announcements and Index，National Technical Information Service（NTIS），US Department of Commerce，1984，84（21）.

[36] 缪圣赐. 美国在墨西哥湾的虾渔业因遭受飓风影响产量大幅度减少[J]. 渔业信息与战略，2009，(3)：32.

[37] NOAA Fisheries. Status of U S fisheries[EB/OL]. [2017-06-16]. http: //www.nmfs.noaa.gov/sfa/fisheries_eco/status_of_fishers/fish/StatusoFisheries/2007/FourthQuarter/TablesA_B.pdf.

[38] Ricco G. Overcoming overexploitation of fisheries：Creating a more sustainable fishing industry along the gulf of Mexico Coast[J]. Undergraduate Honors Theses，2013：474.

[39] Reap S. A gudie to fishing and diving New Jersey reefs [EB/OL]. [2017-06-16]. http://www.state.nj.us/dep/fgw/pdf/reefs/1-11.pdf.

[40] Galiano R. New Jersey scuba diving [EB/OL]. [2017-06-26]. http://njscuba.net/sites/index.php.

[41] Codey R J，Campbell B M，Watson Jr J S，et al. Artificial reef management plan for New Jersey[EB/OL]. [2017-06-16]. http://www.nj.gov/dep/fgw/pdf/2005/reefplan05.pdf.

[42] Brown A R. The status and condition of New Jersey's marine fisheries and seafood industries[R/OL].（1995-06-30）[2017-06-26]. http://www.jerseyseafood.nj.gov/Status_Condition_NJ_Marine_Fisheries_Seafood_ Industries.pdf.

[43] Food and Agriculture Organization of the United Nations. The state of world fisheries and aquaculture 2014[EB/OL]. [2017-06-16]. http://www.doc88.com/p-9982303486665.html.

[44] Food and Agriculture Organization of the United Nations. The state of world fisheries and aquaculture 2016[EB/OL].（2016-07-07）[2017-06-16]. http://reliefweb.int/report/world/state-world-fisheries-and-aquaculture-2016.

[45] Callahan E. Artificial reefing —— the blue solution to America's aging infrastructure? [EB/OL].（2014-11-06）[2017-06-16]. http://voices.nationalgeographic.com/2014/11/06/artificial-reefing-the-blue-solution-to-americas-aging-infrastructure/.

[46] 李万禄. 谈谈美国的游钓业[J]. 中国钓鱼，1995，（1）：43-44.

第六章　中国海洋牧场概况

第一节　中国海洋牧场总体发展情况

一、基本概况

21 世纪是海洋的世纪，海洋渔业既是中国海洋的第一大产业，也是中国乃至世界渔业的重要组成部分。近年来，随着海洋捕捞技术的进步和捕捞强度的增加，海洋污染的范围不断扩大，出现了“近海无鱼可打”的尴尬局面，中国的近海渔业也因此深陷困境。于是，在某些海洋渔业发达的国家和地区，人们开始进行人造养殖场所技术、水产动植物行为控制技术及环境监测与控制技术的研究和开发，以建立可以持续地供应高质量的水产品的增养殖业[1]。从现代渔业的发展趋势来看，资源管理型渔业将是新世纪海洋渔业发展的主要方向，建设海洋牧场是发展资源管理型渔业的主要方式之一。

我国海洋牧场的研究最早由曾呈奎先生提出。从 20 世纪 70 年代开始，我国的曾呈奎、冯顺楼、徐绍斌、陆忠康、刘恬敬等先后研究了海洋农牧化的理论和方法，认为我国海洋渔业资源、海水增养殖必须走海洋农牧化道路，这是渔业发展的必然结果。四十多年来，特别是近十年来，我国学者围绕海洋农牧化道路、海洋牧场开发技术与方法、海水增养殖发展重点、方向及途径等专题开展了多层次、多方面的研究与探索，丰富了这个领域的理论和技术。

二、发展历程

曾呈奎先生提出“海洋农牧化”的设想后，我国陆续在沿海海域试验性地投放了一些人工鱼礁，并取得较好的效果。进入 21 世纪后，随着海洋渔业资源备受重视，海洋牧场的开发也逐渐受到瞩目。中国先后在一些沿海省份如广东、浙江、江苏、山东等，大规模地投放人工鱼礁，为我国海洋牧场的开发积累了大量宝贵经验。海洋牧场在中国的发展大致可以分为以下三个阶段。

第一阶段为 20 世纪 70 年代的理论萌芽阶段。现代意义上的海洋牧场理念在中国的提出，来自于曾呈奎提出的“海洋农牧化”的设想。他认为“海洋农牧化”即是把渔业资源的增殖和管理分为“农化”和“牧化”两个过程，“农化”是指海水养殖业，“牧化”是指海洋渔业资源的人工放流。

第二阶段为 20 世纪 80 年代到 20 世纪末的试验阶段。1979 年，在广西北部湾投放了我国第一个混凝土制的人工鱼礁。20 世纪 80 年代，我国开始提出开发建设海洋牧场的设想，部分沿海省市在相对应的海域试验性地投放了一些人工鱼礁。到 20 世纪 90 年代初期，我国共建成 24 个试验点，投放人工鱼礁 28 700 多个，总体积为 12 万 m^3·空，取得了较好的经济效益和生态效益[2]。但直到 20 世纪末，中国海洋牧场的开发还仅限于投放人工鱼礁，并且由于投放的规模小，形成的鱼礁渔场对沿岸渔业的影响甚微；另外，对海洋牧场的研究重视程度也不够，特别是对音响驯化型海洋牧场这种基于海洋高新技术的海洋牧场的开发研究还没有真正开展起来，在此方面中国已远远落后于其他先进国家[3]。

第三阶段为 21 世纪以来的快速发展阶段。进入 21 世纪以来，海洋渔业资源逐渐得到重视，建设海洋牧场成为各沿海省市发展渔业的共识，国家政策方面也给予了巨大的支持和充分的指导。根据《中国水生生物资源养护行动纲要》提出的“建立海洋牧场示范区”的部署安排，自 2007 年以来中央财政对海洋牧场建设项目开始予以专项支持。2013 年，《国务院关于促进海洋渔业持续健康发展的若干意见》明确要求“发展海洋牧场，加强人工鱼礁投放”。2015 年 5 月 8 日，《中华人民共和国农业部公报》发布通知，决定组织开展国家级海洋牧场示范区创建活动，明确提出了创建国家级海洋牧场示范区的指导思想和建设目标，进一步规范了我国的海洋牧场建设。通知指出：从 2015 年开始，通过 5 年左右时间，在全国沿海创建一批区域代表性强、公益性功能突出的国家级海洋牧场示范区，充分发挥典型示范和辐射带动作用，不断提升海洋牧场建设和管理水平，积极养护海洋渔业资源，修复水域生态环境，带动增养殖业、休闲渔业及其他产业发展，促进渔业提质、增效、调结构，实现渔业可持续发展和渔民增收[4]。同年，农业部公布全国第一批国家级海洋牧场示范区名单。2017 年 5 月，中国农业部渔业渔政管理局为加强国家级海洋牧场示范区和油补调整资金人工鱼礁项目管理，组织起草了《国家级海洋牧场示范区管理办法（征求意见稿）》和《油补调整资金支持人工鱼礁建设项目管理办法（征求意见稿）》，目前正处于意见征集阶段。自 2002 年起，截至 2017 年 5 月，全国已经投入海洋牧场建设资金 55.8 亿元，既有政府引导投资，也有地方和企业的投资，产生了明显的生态效益、经济效益和社会效益。自 2015 年以来，已创建了两批共 42 个国家级海洋牧场示范区。

目前，我国海洋牧场的发展已经进入了新的阶段，在新阶段中，通过大量资金的投入、技术水平的提高和运营管理的改善，我国海洋牧场的建设正向着现代化、大规模、高水平、深层次的方向不断前进。

三、空间分布和建设类型

从地理位置上看，中国的东部和南部临海，自北而南依次为渤海、黄海、东海、南海，大陆海岸线全长 18 000 km，有大小海湾数百个，其中大部分海域的海洋环境都适合建设海洋牧场。

渤海是我国最大的内海，水质肥沃，饵料丰富，是多种经济鱼虾类繁殖和索饵的好场所；加之海湾深度较浅，地势平坦，适宜养殖的范围广，是发展海洋农牧的良好基地[5]。目前渤海海域已经建成国内最大的海洋牧场——辽宁獐子岛海洋牧场，是以大型海藻床的营建、人工鱼礁的投放和渔业苗种的增殖放流为手段，以渔业资源、海域生态环境修复和珍稀濒危物种保护为主要目的的生态修复和保护型海洋牧场。

黄海是太平洋西部的一个边缘海，平均水深 44 m，海底平缓。水温年变化小于渤海，为 15～24℃；海水的盐度也比较低，为 32%，同时渔业资源丰富，是建设海洋牧场的天然场所。目前黄海海域已建成山东日照顺风阳光海洋牧场和江苏海州湾海洋牧场。前者属于以休闲娱乐为主的休闲观光型海洋牧场，后者是以渔业生产或海珍品、鱼类的苗种养殖、繁育为主要目的，增养殖品种多样，技术水平和复杂程度各异的增养殖型海洋牧场。

东海是黄海以南的中国东方海域，海域面积约 77 万 km^2，其中 66%的面积为大陆架，宽度超过 600 km，广阔的大陆棚海底平坦，水质优良，又有多种水团交汇，为各种鱼类提供良好的繁殖、索饵和越冬条件。因此这里是中国最主要的渔场，盛产大黄鱼、小黄鱼、带鱼、墨鱼等品种。目前东海海域已建成浙江舟山白沙岛海洋牧场，属于集生态修复功能和休闲垂钓功能于一体的综合型海洋牧场。

南海是我国最深、最大的海，平均水深约 1212 m，同时南海还是一个资源丰饶的渔场，水产丰富，盛产海参、牡蛎、马蹄螺、金枪鱼、梭子鱼、墨鱼等热带名贵水产，为海洋牧场的建设提供了先决条件。目前南海已建成广东大亚湾海洋牧场和我国首个热带海洋牧场——海南三亚蜈支洲岛海洋牧场。前者同辽宁獐子岛海洋牧场一样，属于以渔业资源、海域生态环境修复为主的生态修复和保护型海洋牧场，后者是集热带海岛旅游资源的丰富性和独特性于一体的休闲观光型海洋牧场。

2015 年 5 月，农业部组织开展国家级海洋牧场示范区创建活动，决定在现有海洋牧场建设的基础上，高起点、高标准地创建一批国家级海洋牧场示范区，推进以海洋牧场建设为主要形式的区域性渔业资源养护、生态环境保护和渔业综合开发。2015 年 12 月，我国首批 20 个国家级海洋牧场示范区名单出炉。天津大神堂海域，河北山海关海域、祥云湾海域、新开口海域，辽宁丹东海域、盘山县海域，大连獐子岛海域、海洋岛海域，山东芙蓉岛西部海域、荣成北部海域、牟平北部海域、爱莲湾海域，青岛石雀滩海域、崂山湾海域，江苏海州湾海域，浙江中街山列岛海域、马鞍列岛海域、宁波渔山列岛海域，广东万山海域、龟龄岛东海域 20 个海洋牧场入选。

第二节　辽宁獐子岛海洋牧场

20 世纪 80 年代，我国从日本引进虾夷扇贝在獐子岛进行苗种繁育、养殖、增殖试验取得了成功，正式启动了獐子岛海洋牧场的建设。

经过 30 多年的建设，獐子岛已形成以虾夷扇贝、海参、皱纹盘鲍、海胆、海螺、牡蛎等海珍品为主的海洋牧场产品群，是国内最大的海珍品增养殖基地，其中獐子岛海参、鲍鱼、扇贝被国家质量监督检验检疫总局认定为“国家地理标志保护产品”，虾夷扇贝获得中国食品行业首个碳标识认证。

一、地理位置

獐子岛海洋牧场位于辽宁省大连市长海县獐子岛镇，东经 124°47′，北纬 39°3′，地处黄海北部海域长山群岛的最南端。

其中大长山岛、小长山岛岛屿群以渔业资源栖息地修复及优化、海珍品增养殖和休闲垂钓为重点，广鹿岛岛屿群以海参、优质鱼类增养殖及休闲观光渔业发展为重点，着力打造以立体循环生态养殖、耕海牧渔、可控管理为重点的海洋生态牧场。

二、环境条件

1. 气候条件

獐子岛地处亚欧大陆与太平洋之间的中纬地带，属北温带亚湿润季风气候区，四季分明，季风明显，日照充足。受海洋气候影响，空气温和，昼夜温差较小，无霜期长，达 220 天左右。

该地区年平均气温在 10℃左右，最冷的 1 月份平均气温为–7.1℃，最低气温–15.9℃；最热的 8 月份平均气温为 25.3℃，最高气温 30℃。年平均降雨量 633 mm，多集中在七、八、九月。

2. 海域条件

獐子岛位于黄海深处，周边海域水体交换条件良好，海水清澈，叶绿素的平面分布和垂直分布均匀，是世界公认的最适宜海洋生物生长的地区之一。

优越的海域条件孕育了獐子岛丰富的水产资源，主要放流品种有海参、鲍鱼、扇贝、海胆、海螺、大泷六线鱼和许氏平鲉等多种海产品，素有“黄海明珠”之美誉，这也是獐子岛建设海洋牧场的天然优势。经过 30 多年的实践，獐子岛海洋牧场面积已突破 2000 km^2，成为目前我国最大的海洋牧场。

三、开发情况

1. 基本概况

20 世纪 90 年代初，獐子岛正式启动海洋牧场建设计划，这是我国正式开发的第一个海洋牧场。但由于增殖放流的规模、数量受资金限制而发展缓慢，直到 2007 年，财政累计投放资金 1200 万元用于增殖放流。自此，大连市在发展增殖放流的基础上，大规模地开展人工鱼礁建设和管理工作，并制定相应的政策及资金措施，促进海洋牧场建设。

2010 年，辽宁省将现代海洋牧场建设定为该省“今后一个时期海洋渔业发展方向”，同时提出要积极探索海洋牧场建设新模式、新技术；2011 年初，辽宁省印发了《辽宁省现代海洋牧场建设规划（2011—2020）》；同年，启动现代海洋牧场“1586”工程[6]；2014 年，《长海县现代海洋牧场建设试点示范项目实施方案》通过了专家评审。一系列目标和规划的提出为辽宁獐子岛海洋牧场的未来发展提供了科学而详细的指导，进一步推动了“海上辽宁示范区”和“海上大连先导区”的建设步伐。

通过苗种繁育、底播增殖、人工鱼礁投放、轮播轮收、装备升级及休闲渔业的建设，辽宁獐子岛海洋牧场形成了以虾夷扇贝、海参、皱纹盘鲍、海胆、海螺、牡蛎等海珍品为主的海洋牧场产品群和多样化产业群，成为国内实现海洋产业可持续发展的领军者[7]。

2. 增殖放流

2010 年在獐子岛东南部海域投放 1.4 m×1.4 m×1.4 m 和 0.8 m×0.8 m×0.8 m 框架式立方体混凝土人工鱼礁超过 9000 个，建设深水人工鱼礁区 12 hm^2。2012 年獐子岛人工鱼礁建设项目占海面积 7330 亩，该项目将投放单体 2.7 t 人工礁体 40 000 个，建成由小礁组成的人工鱼礁群，使得海域中的鱼类、藻类及其他生物资源得以恢复和增加，可以带动当地休闲渔业的发展。

3. 苗种增殖

2012 年 3 月，獐子岛海洋牧场苗种增殖放流项目成为大连市“百大”项目之一，要在獐子岛建设 200 万亩的贝类综合底播增殖示范区，包括虾夷扇贝增殖区、鲍鱼增殖区、刺参增殖区。将集成海域环境即时监控及预警预报技术、海域生态养殖容量评价技术、高质量大规格苗种三级育成技术、大于 30 m 等深线的深海贝类底播增养殖技术、无害化高效采捕技术、贝类增殖食品安全管控技术等产业关键、共性技术，实现产业和生态的和谐发展[8]。

四、关键技术

1. 虾夷扇贝底播增养殖技术

我国虾夷扇贝养殖主要有底播、浮筏两种方式。浮筏养殖是在海水表面固定台筏上的吊笼中投放一定规格的海产品苗种，并通过人工管理使之生长的养殖方法。浮筏养殖不仅不具有自身调节功能，还容易导致未知病害的暴发。底播养殖指在适宜养殖的海域按一定密度投放一定规格的海产品苗种，使之在海底自然生长、不断增殖[9]。

20 世纪 80 年代，我国从日本引进先进的虾夷扇贝繁育增养殖技术，在獐子岛海域进行苗种繁育、养殖、增殖试验，并获得成功。1987 年，这项技术在獐子岛开始了规模化推广，建成了虾夷扇贝苗种场，将培育的苗种在獐子岛海域进行大规模底播，从此拉开了獐子岛海洋牧场开发的序幕[7]。目前獐子岛已经成为全国最大的虾夷扇贝生产基地，占据了 80%的全国底播市场份额。据估算，仅虾夷扇贝养殖，就为獐子岛带来超过 10 亿元的产值。

2. 立体循环生态养殖技术

为了让这片大自然赐予的海域创造出更大的价值，獐子岛渔业又创造出上层套藻、中层养贝、底层珍品养殖三层立体的生态养殖方式[10]。

施肥养殖海藻、给鱼虾投饵料时，会造成养殖区水质变肥，从而繁生大量的浮游生物；而贝类可以滤食微型浮游或底栖藻类、有机碎屑及细菌。这种立体养殖技术充分利用了养殖海域的立体空间和养殖动物互利共生的原理，通过养殖系统内部废弃物的循环再利用，达到对各种资源的最佳利用效果，最大限度地减少养殖过程中废弃物的产生，不但可以净化水质，有效地防止了海水的污染，还可以增加养殖户的收益，实现人与海洋的利益最大化。

五、管理水平

1. “耕海万顷、养海万年”的生态发展模式

獐子岛渔业根据海洋经济的特点，确立了“集约化+股份制”的发展模式，即

“獐子岛模式”。一方面发挥了集约化集体经营的优势，另一方面引进了现代企业制度，解决了机制问题，使獐子岛实现了共同富裕的目标。新体制催生了新的生产力，獐子岛渔业建成了国内最大的养殖虾夷扇贝、鲍鱼、海参等海珍品的现代化海洋牧场。

“獐子岛模式”的兴起形成了獐子岛人独特的“海耕文化”，敢于在辽阔的大海上耕种。獐子岛人像爱护自己的眼睛一样爱护大海，在海边捡到海参、鲍鱼也会扔到大海里，实现了由“靠海养人”向“靠人养海”的转变，做到了“耕海万顷、养海万年”的生态发展模式[11]。

2. 信息化管理

目前，辽宁獐子岛海洋牧场建设逐步向智能化、信息化迈进，以实现依靠科技管控海洋牧场的目标。獐子岛集团与中国科学院建立的“智本+资本”新型合作关系，使得海洋牧场拥有了“千里眼”和“CT 机”，根据中国科学院绘制的海底电子地图，就像牧场分块养护一样，科学规划底播海区，分成苗种暂养、藻类养殖、增殖底播、人工鱼礁等区域，严谨布局、精细管控；獐子岛集团还启动了“海洋牧场智能管理系统”，对涉及海洋牧场的苗种投放、养殖过程、海洋环境、船舶航迹等流程都进行预警管理，对于海洋牧场区域内的苗种长势、生产管理状况、海底产品存量、海洋微生物指标等提供实时数据，实现信息化管理[7]。

第三节　山东日照顺风阳光海洋牧场

山东省日照市作为传统渔业经济区，21 世纪以来，也面临着其他渔业经济发达地区曾经经历过的困境，其中渔业资源枯竭、渔业经济效益低下、渔民转产转业困难等是核心问题。因此加快传统渔业转型升级是唯一出路，休闲渔业就是其中一种成功的实践。

2012 年 5 月，山东日照顺风阳光海洋牧场立项，2013 年初开始建设。它是依托日照市岚山阳光水产海水鱼类研究所成立的一家以海钓娱乐及比赛为主，集休闲旅游、海上冲浪、海底半潜观光和渔家乐民俗文化旅游等于一体的综合性休闲度假园区。

一、地理位置

日照顺风阳光海洋牧场位于山东省日照市岚山区虎山镇（东经 119°23'，北纬 35°9'）。日照海岸位于黄海中部，岬湾相连，北起甜水河口，南到绣针河口，大陆海岸线全长 99.6 km，属于比较平直的基岩沙砾质海岸。

海岸线上有石臼湾、佛手湾两大天然港湾与日照港、岚山港组成的日照港群。近陆岛屿有桃花岛、出风岛，还有平岛、达山岛和车牛山岛组成的前三岛，面积为 0.321 km^2。

二、环境条件

1. 气候条件

日照市地处我国北方的沿海富水区，属于暖温带半湿润的大陆性季风气候，年均气温 12.7 ℃，年均湿度 72%；年降雨量丰富，平均达 874 mm。

全年气候温和，夏季高温多雨，冬季寒冷少雨，但因其地处沿海，受海洋影响显著，相对同纬度的其他内陆地区四季温差较小，因此严寒酷暑比较少见。

2. 海域条件

日照大陆海岸线全长 99.6 km，拥有海域面积 6000 km^2，沿海滩涂 7.6 万亩，10 m 等深线面积有 30 万亩，20 m 等深线水域面积也很大，其中适宜养殖的区域就有 100 万亩，广阔的海域为海洋产业的发展提供了得天独厚的自然条件。

日照海域的海洋资源利用潜力极大，盛产西施舌、乌鱼蛋等海产品；日照是我国著名的旅游城市，有“水上运动之都”和“东方太阳城”的美誉，环境优美，游客众多，海洋旅游资源丰富，因此将其建设成以休闲娱乐为主的休闲观光型海洋牧场。该海洋牧场项目总规划面积 700 hm^2，其中人工鱼礁区 370 hm^2，浅海综合立体养殖休闲区 330 hm^2。

三、开发情况

1. 基本概况

2012 年 5 月，山东省在充分调研、广泛论证的基础上，提出延伸海洋牧场，发展休闲垂钓的构想，把日照顺风阳光海洋牧场建设成以垂钓娱乐及比赛为主的休闲观光型海洋牧场，以促进现代渔业经济可持续的快速发展。

于是，该海洋牧场规划了 700 hm^2 海域，计划总投资 2.2 亿元，建成 AAAA 级景区。按照规划，该牧场先后注册成立了日照顺风阳光海洋牧场有限公司、日照市岚山阳光水产海水鱼类研究所、日照市阳光水产科技开发有限公司、日照万泽丰国际铭人海钓俱乐部、日照市铭人国际旅行社有限公司及日照市水生生物放流协会，按照“礁、鱼、船、岸、服”五配套模式，把原有的育苗场升级为一家集“旅游元素、观光元素、餐饮元素、竞技元素、体验元素”于一体的现代休闲渔业企业。

2015 年 1 月，日照顺风阳光海洋牧场项目通过了 AAA 级景区验收、日照市重点文化产业基地验收，被中国钓鱼运动协会批准为全市唯一 CAA 会员服务中心，被山东省钓鱼运动协会和日照市体育局钓鱼运动协会确定为比赛训练基地。

2. 人工鱼礁建设

自 2005 年开展人工鱼礁建设至今，日照顺风阳光海洋牧场已获批人工鱼礁建设项目 11 个，争取省级投资 5050 万元，用海面积约 961 hm^2，目前已建成前三岛、万宝黄家塘湾、太公岛、刘家湾等 6 个人工鱼礁项目，礁区面积达 511 hm^2，累计投放礁体 72.5 万 m^3·空。另外，除获上级资金扶持的项目外，日照市批复人工鱼礁用海项目 10 个，用海面积 876.7 hm^2，并纳入市级管理。

3. 增殖放流

2014 年 7 月 11 日，日照顺风阳光海洋牧场有限公司协助山东省政府和市政府成功举办了日照首届阳光放鱼节，共放流 20 余万尾黑鲷、牙鲆鱼苗，极大地实现了人海和谐的生态效益、经济效益、社会效益相统一的期望。自此，日照市水生生物放流协会将每年的 7 月 11 日定为“阳光放鱼节”，意将海洋水生生物放流一直传承下去。据统计 2014 年内日照市共组织放流活动 8 批次，累计投放各类苗种 150 余万尾、贝类苗 1500 万粒，极大地改善了岚山区的近海资源状况和牧场资源状况，推动了海洋生态环境的建设[12]。

4. 垂钓船的设置

目前日照顺风阳光海洋牧场已建设游艇专用停靠泊位 30 个，150 m^2 海上垂钓平台 4 个，200 m^2 海上垂钓试验平台 1 个；新建 5 个直径为 60 m 的深水抗风浪网箱，垂钓船 10 艘，64 座观光垂钓船 1 艘，已上报港航审批 40～60 座游艇 5 艘；订购 10～20 m 不等类型钓鱼艇 15 艘。目前日照市已经开通了岚山阳光海洋牧场至前三岛、牧场平台航线和岚山港区航线，实现了休闲垂钓运动与海上观光旅游的有机结合。

四、关键技术

1. 深水抗风浪网箱养殖

随着近海经济鱼类资源的衰减，捕捞生产呈下滑趋势，浅海养殖也趋于饱和，山东省日照市海兴渔业有限公司于 2002 年 5 月引进一组 5 口周长 50 m、深 10 m 的深水抗风浪网箱，经过两年的养殖，取得了较好的经济效益。

深水抗风浪网箱养殖所选择的海域水质一定要合适，表层水温 8～28℃，透明度 0.3 m 以上；网箱设置在水流畅通、风浪较小的内湾，既要保证网箱中水体的交换量和溶解氧的含量充分，又要保证网衣成固有的形状；海区流速一般在 50～100 cm/s，以免鱼类顶流游动消耗能量，影响鱼类正常生长。

2. 浅海立体综合养殖新模式

面对近年来筏式养殖种质退化、环境恶化、效益不保的严峻现实，2012 年山东轩辕海洋开发有限公司与山东省海洋水产研究所进行技术合作，在岚山区海州湾 1000 余公顷的海域联手打造浅海立体综合养殖新模式。

首先，大量投放养殖设施，为水生生物提供良好的生长、繁殖和索饵环境，如开发新型刺参养殖笼，开展海参笼底播养殖，在提高水体利用效率的同时，保证养殖海参的经常性管理和随时采捕。其次，将筏式贻贝养殖分海况好坏和饵料丰富贫乏海区，对总体养殖密度进行科学布局，优化刺参底播笼养和魁蚶底播养殖。

在饵料较贫乏海区开展筏式海带或裙带菜养殖，在人工鱼礁上进行大叶藻、鼠尾藻等藻类移植，形成海藻床，实现海洋资源的集约化、科学化综合利用，带动传统养殖渔业向环境友好型、可持续发展的现代化渔业转变[13]。

五、管理水平

日照市在建设海洋牧场的同时，以山东省海洋与渔业厅人工鱼礁研发实验中心为载体，结合海洋牧场鱼类资源品种状况及聚居环境，加强与清华大学、中国海洋大学、山东艺术学院及日照职业技术学院的合作，使海洋牧场的海洋资源状况、海洋生物品种的水产苗种繁育等都配合山东省海洋与渔业厅组织的海洋本底调查。

在对日照顺风阳光海洋牧场的建设进行了全面的科学评估后，日照市调整了礁区建设布局及新型礁体的改型和投礁的方法，新研制了三种新型礁体，以满足于不同海域的底基及不同鱼类、软体类海洋物种的需要，为全省海洋牧场的建设积累了宝贵经验，节省了大量的成本[12]。

第四节　江苏海州湾海洋牧场

海州湾渔场是我国八大渔场之一，但是由于海域环境污染和渔业发展过程中的狂捕滥捞，自 20 世纪 90 年代海州湾的规模鱼汛就消失了，鱼、虾、蟹、贝类大幅度减少，一些珍稀海产品几乎绝迹，海洋渔业资源的严重衰退和海洋生态环境的恶化使海州湾海域急需建设海洋牧场进行生态环境修复。

连云港市海洋与渔业主管部门自 2002 年起开始在海州湾海域实施海洋牧场建设项目，项目着眼于维护全市海洋生态平衡与海洋生物资源的合理开发和利用，对连云港市落实“减船转产”政策和海州湾渔场渔业资源的恢复起到了重要作用。

一、地理位置

海州湾海洋牧场位于江苏省连云港市（东经 119°13′，北纬 34°36′），地处江苏省最北端的黄海之滨，西靠江苏省连云港市沿岸，东临黄海，湾口北起山东省日照市岚山镇的佛手湾，南至江苏省连云港市连云区的高公岛，宽 42 km，海岸线长 86.81 km，海湾面积为 876.39 km^2。

海州湾周围有秦山岛、东西连岛等岛屿，湾口外有平岛、达山岛和车牛山岛，大小岛屿共计 14 个，均为基岩型岛屿。岛礁周围水深多在 20 m 以上，礁区选择余地大。

二、环境条件

1. 气候条件

海州湾处于暖温带南部，由于受海洋的调节，气候类型为湿润的季风气候，略有海洋性气候特征。四季分明，冬季寒冷干燥，夏季高温多雨，光照充足，雨量适中。

该地区平均气温为 15℃，月平均最高气温 29.9℃，月平均最低气温−1.4℃，极端最高气温 38℃，极端最低气温−11.4℃。年平均降雨量为 905.9 mm，年最大降雨量 1482.7 mm，年最小降雨量 480.9 mm，降雨多集中在夏季。

2. 海域条件

海州湾是我国东部沿海重要渔场之一，是半开放型海湾，其海洋环境优越，生物资源丰富。海岸类型主要是粉砂淤泥质海岸，其次是基岩和沙质海岸，是江苏省具备建设人工鱼礁适宜底质条件最好的海区。

同时海州湾还属于浅海性开放型海湾，贝壳沙和淤泥底质构成平坦的海床，沿岸河流带来丰富的有机物和营养盐，诸多河口、岛屿和基岩海岸为浮游生物提供了繁衍和栖息场所，为鱼类提供了索饵、产卵、生长的优良环境，主要放流品种有海参、鲍鱼、扇贝等珍贵海产品，是建设人工鱼礁的理想场所。

三、开发情况

1. 基本概况

自 2002 年在海州湾海域开始实施海洋牧场建设项目以来，连云港市海洋与渔业主管部门累计投入各项建设资金 8223 万元，投放各类礁体 6.6 万余个，建成人工鱼礁群 20 余个，项目着眼于维护全市海洋生态平衡与海洋生物资源的合理开发和利用。

目前，海州湾海洋牧场建设总面积已超 150 km^2，为海洋生物提供了良好的产卵场和栖息地。通过近几年的生态环境与渔业资源监测和绩效评估看，海洋牧场示范区的环境状况有明显改善，生态效益逐步显现，对落实“减船转产”政策和海州湾渔场渔业资源的恢复起到了重要作用。

2016 年 5 月，《江苏省海州湾海洋生物资源养护与生态环境修复规划（2016—2020）》出台，旨在通过 5 年左右的努力，建成三个特色鲜明的生物资源修复区，完成总规划面积为 200 km^2 的建设任务，推动海州湾海洋生物资源养护与生态环境修复。力争到 2020 年，在海州湾建立起布局合理、规模宏大、功能完备、生态高效、管理规范且具有良好示范效应的现代牧场化渔业发展模式[14]。

2. 人工鱼礁建设

经过 10 多年的建设，连云港市在海州湾海洋牧场示范区累计投放各类混凝土鱼礁近 1.2 万个、旧船礁 190 个、浮鱼礁 25 个、石头礁 22 600 个，人工鱼礁投放区面积达 134.25 km^2。另外，通过生态补偿转移支付，自筹资金 3000 余万元，制作投放人工鱼礁 47 650 个，建设人工鱼礁区 30 km^2。目前，海州湾海洋牧场总面积已超 150 km^2，为海洋生物提供了良好的产卵场和栖息地[15]。

3. 海上增殖放流

为了达到海州湾海洋牧场建设的预期目标——营造适宜海洋生物栖息繁衍的海洋环境；利用海洋自然生产力养育增殖放流或者海底移植的生物苗种；通过海底设施吸引海洋中的自然生物与人工放养的生物一起形成人工渔场，连云港市连续多年开展了海上增殖放流活动。2010～2013 年，放流中国对虾 11.5 亿尾、贝类 6.1 亿只、鱼苗 2000 万尾、刺参 150 万头及鲍鱼 50 万头，极大地恢复了渔业资源的再生能力[16]。

四、关键技术

1. 立体化海水生态养殖

为实现向高效现代渔业的转型升级，海州湾海洋牧场探索出了“上中下水层综合利用，多品种立体共存”的生产模式，即海水上层挂绳养殖海带，中间挂笼养贝类和放置深水抗风浪网箱，水下还播养鲍鱼、海参和虾夷扇贝等海产品[17]。

水上层挂绳养殖和水底增殖的海带、裙带菜、紫菜等 10 多个品种海藻，减缓了风浪，净化了水质，消除了富营养化现象，增加了海区浮游生物，降低了筏养海胆和虾夷扇贝的死亡率。同时，利用上层海带释放出的氧气，为海胆和虾夷扇贝生长提供条件，海胆和虾夷贝类排放的二氧化碳和排泄物可以肥水供藻类生长，繁茂的藻类又为底层的鲍鱼、海参和虾夷扇贝输送了充足的饵料，海区上中下层存在的物种形成了一个完整的食物链，在保持生态平衡中提高了复养指数和单位经济效益。

2. 资源恢复型人工鱼礁区建设

资源恢复型人工鱼礁区主要功能是吸引花鲈、许氏平鲉、大泷六线鱼等自然经济鱼群聚集栖息，形成自然繁殖种群，促进渔业资源的恢复。建设内容是制作方形箱体水泥礁，礁体边长 2 m，每个面有 5 个孔洞便于鱼类藏匿。制作完成后将礁体批量用驳船运送至目标海域投放，每组设置礁群 30 件，堆放，礁群间距 20 m。鱼礁区的建设将为鱼类、各种藻类提供生长、繁殖场所，促进资源的保护和增殖[18]。

3. 深水抗风浪网箱养殖

一直以来，连云港市渔业养殖基本在 10 m 等深线以内的浅海区域进行，直到 2010 年 9 月，由连云港市海洋与渔业局购置和安装的 6 组深水抗风浪网箱正式试养成功，标志着渔业养殖空间布局开始从浅海迈向深海，形成以 10 m 以下抗风浪网箱鱼类繁殖为主的深水养殖区。深水抗风浪网箱主要养殖梭鱼、鲈鱼、许氏平鲉、黑鲷等品种，这些品种质量较高，每个网箱每年可产商品鱼 16 t，比传统网箱利用率提高了 50%以上，养殖效益较高[19]。

五、管理水平

为使海洋牧场的利益最大化，连云港市采用海域使用权流转，以实现养殖集约化。海域使用管理可以促进海域合理开发和海水增养殖业的健康发展，对提高渔民经济效益十分明显，推动海洋渔业养殖向标准化、基地化、品牌化和高端化方向发展。流转海域使用权、组建养殖合作社，能够实现规模化养殖和分类养殖。据了解，使用权流转后，每亩海域经济效益至少可增加一倍，如养殖贝类等高档产品，亩产效益将提高至原来的 4～5 倍[19]。这种海洋养殖集约化和科学规范养殖的新模式，大大降低了原来粗放养殖对海洋的污染程度，实现了渔业资源的可持续发展。

第五节　浙江舟山白沙岛海洋牧场

舟山渔场位于杭州湾以东，长江口东南的浙江东北部，是中国最大的渔场，自古以来因渔业资源丰富而闻名。而近些年随着海洋生态环境的恶化和海洋捕捞业的过度扩张，原本渔业资源富饶的舟山渔场也濒临“荒漠化”的边缘。于是舟山市积极发展生态渔业，大力开展人工鱼礁建设，积极建设海洋特别保护区。

舟山市先后在嵊泗、朱家尖建设了人工鱼礁区，白沙岛海洋牧场作为浙江省舟山市第三个海洋牧场建设示范区，于 2010 年 8 月 12 日在洋鞍渔场近岸六七米深的海底进行了首批人工鱼礁的投放，为恋礁性鱼类营造“新家”[20]。同时白沙岛境内具备的碧海绿岛、卵石砾滩、阳光海滩、海风等因素，使该处成为一个集旅游、避暑、度假、休闲、美食于一体的理想场所，因此将其建设成集生态修复和休闲垂钓功能于一体的综合型海洋牧场。

一、地理位置

白沙岛位于浙江省舟山市普陀旅游金三角内，东经 122°27′，北纬 29°56′。西与沙雕故乡朱家尖一衣带水，相隔 2.2 km；西北部与中国四大佛教名山普陀山隔海相望，相隔 3.3 km；北与洛迦山隔海相望，相隔 0.2 km。陆地面积 2.88 km^2，海域面积 2.30 km^2。

二、环境条件

1. 气候条件

白沙岛全岛属于亚热带海洋季风气候，四季分明，冬暖夏凉，温和湿润，光照充足。年平均气温 16℃左右，8 月最热，气温为 25.8～28.0℃；1 月最冷，气温为 5.2～5.9℃。常年降雨量为 927～1620 mm。

2. 海域条件

白沙岛海域周边岛礁资源丰富，有海带、龟足等贝藻类资源 30 余种，有梭子蟹、对虾、竹节虾等虾蟹类资源 20 余种及石斑鱼、虎头鱼、黄鱼、鲈鱼、带鱼等经济鱼类 100 多种。

洋鞍渔场是东海四大渔场之一，由于白沙乡洋鞍岛海域处于长江钱塘江和台湾暖流的汇合点，在交汇处产生了大量的浮游生物、贝藻类生物，是各种近海鱼类和岛礁性鱼类繁殖、生长、栖息的理想场所，为建设海洋牧场提供了天然的条件。

三、开发情况

1. 基本概况

白沙乡以海洋捕捞为支柱产业，是普陀区渔业重点乡。推行渔业股份制以后，随着捕捞船只的不断改造，渔业产量快速增长，渔民经济收入逐年提高，2001 年全乡渔业总产值 8902 万元，渔民人均收入 6302 元，因此建设白沙岛海洋牧场，不仅能促进渔业资源的恢复，更能进一步为渔民增收[21]。

白沙岛海洋牧场于 2010 年 8 月 12 日进行了首批人工鱼礁的投放，此次投放工程用时半个月，项目总投资 750 万元，建设总面积 49.75 万 m^2，固体投放规模 11 934.96 m^2。

白沙岛依托当地生态资源，通过建设海洋牧场，大力发展岛礁旅游、休闲垂钓等项目，形成具有独特优势的休闲旅游基地。截至 2012 年，舟山市共有各种形式的休闲渔业基地 50 余家，年接待游客 100 万人次，产值 2 亿元。其中，普陀区白沙岛为首家“全国休闲渔业示范基地”。

2. 人工鱼礁建设

舟山市在白沙岛的南区、东区、东北沿岸区建立了 3 个鱼礁群，从远至近分别投放诱导礁、增殖礁、集鱼礁，共投放人工鱼礁 2454 个，其中六棱型集鱼礁 144 个，组合型增殖鱼礁 240 个，框架型诱导礁 2070 个，形成 1.2 万 m^3·空规模的人工鱼礁[22]。

3. 增殖放流

2011 年 5 月 8 日，舟山市海洋与渔业局首次在白沙海域增殖放流黄鳍鲷苗种 20 万尾。6 月 2 日，普陀区海洋与渔业局也在白沙海洋牧场放流了 26.6 万尾真鲷鱼苗。根据安排，普陀区海洋与渔业局 2011 年 7 月再放流黑鲷苗种 20 万尾。根据放流标志回捕和社会调查，往年在白沙海域放流的鲷类苗种在桃花岛、朱家尖、东极海域均有钓获[21]。

四、关键技术

1. 生境建设

近些年随着经济的发展，对土地的需求剧增，舟山市开始对滩涂和港湾进行大规模的围垦。而围垦丧失的滩涂、浅海、港湾等海区恰恰是众多海洋生物分布、栖息、觅食、产卵、育肥的重要场所，围垦使这些海洋生物失去了生存空间，甚至使一些物种在附近海区消失。因此对生境的修复与改善工程，即生境建设工程刻不容缓。

生境建设主要是通过投放人工鱼礁、改造滩涂、控制排污、种植海草、培养大（巨）型海藻和培养海藻（草）床等措施为鱼群提供良好的生长、繁殖和索饵的生活环境，同时海藻（草）可以净化海水与底质中的污染物，从而达到改善生境的目的。

2. 增殖放流技术

舟山渔场的渔业资源由于各种原因目前处于资源枯竭的状态，虽然有单位已经从各方面对渔业资源的保护和恢复进行了探索，但迄今为止渔业资源仍然没有得到恢复。因此，应在生境建设的基础上，通过建立资源友好型捕捞技术，实施有效且环境友好的增殖放流技术，以达到渔业可持续发展的目的[23]。

苗种增殖放流是海洋牧场建设中补充渔业资源的重要手段，其目的是通过放流经济价值高的健康苗种，弥补自然资源的不足，增补渔业资源，稳定渔业生产，增加渔民收入。

五、管理水平

如今舟山渔场的渔业资源面临枯竭的危险，因此如果想要使渔业资源能对不断增长的人口的需求、经济和社会利益持久地做出贡献，就需要对渔业资源进行合理的管理。经过多年的发展，浙江省舟山市的渔业管理体制形成了百花齐放的管理格局，其中主要以股份合作制为主体，兼以公司制、专业合作社、行业协会和个体经营等多种形式共存[24]。

第六节　广东大亚湾海洋牧场

近年来，由于对海洋资源长期地过度开发和利用，广东省的海洋生物资源和海洋生态环境遭受了严重的破坏，也制约了广东省海洋经济的发展。据统计，珠江口海域的主要海洋经济鱼类的数量和种类大幅减少，2014 年种类由原来的 200 多种减少到不足 50 种，并且部分海域渔业资源的密度仅为 20 世纪 80 年代的 12%，因此修复和保护海洋渔业资源迫在眉睫[25]。

2002 年，广东省专门成立了人工鱼礁研究室，同年在大亚湾大辣甲岛南面海域内，投放 48 个人工鱼礁，正式开始了大亚湾海洋牧场的建设，旨在修复大亚湾海域的生态环境和实现渔业资源的增殖。

一、地理位置

大亚湾地处广东省惠州市（东经 114°25′，北纬 23°6′），在惠东县、惠阳区和深圳市之间，位于南海北部珠江口东侧，东靠红海湾，西邻大鹏湾，濒临南海，水域面积近 1000 km^2，是南海向陆地延伸最深的海湾。

湾内有岛屿和岩礁上百个，使其享有“海上小桂林”之美称，三面环山，海底地势平坦，常年风平浪静，回淤少，可供载重几万吨船舶的进出和停泊，是天然的避风良港。

二、环境条件

1. 气候条件

大亚湾地处低纬度地区，属于亚热带季风气候，雨量充沛，阳光充足，气候温和。年平均气温 21℃。1 月最冷，平均气温 12℃；7 月最热，平均气温 28℃。年降雨量 2200 mm，汛期（4～9 月）降雨量占年降雨量的 80%。

2. 海域条件

大亚湾是广东沿海中部一个典型的亚热带溺谷型海湾，湾内岛屿众多，岸线曲折，常年风平浪静，水质肥沃，初级生产力高，具有丰富的水产资源和饵料生物，是石斑鱼类、龙虾、鲍鱼等名贵种类的幼体密集区，与北部胶州湾同属我国两个生物多样性最丰富的海湾，具备建设海洋牧场的先决条件。

三、开发情况

1. 基本概况

自 1984 年起，大亚湾地区每年都开展增殖放流活动，这无疑是大亚湾地区建设海洋牧场的先声。2001 年，广东省召开第九届人民代表大会第四次会议决定，将海洋牧场上升为广东省发展战略，计划投资 8 亿元，在广东近岸海域，建设 12 个人工鱼礁区，100 个人工鱼礁[6]。2002 年，广东省海洋与渔业局在大亚湾大辣甲岛南岸投放人工鱼礁，正式开始了大亚湾海洋牧场的建设。

经过10多年的建设，大亚湾海洋牧场的生态环境和渔业资源都得到了很好的恢复。目前，惠州市计划结合海洋牧场和游艇俱乐部，发展集捕捞、垂钓、观赏于一体的休闲渔业，促进当地渔业转型升级，以提高渔民的生活收入。

2. 人工鱼礁建设

大亚湾地区从2002年开始实施广东省人民代表大会“建设人工鱼礁，保护海洋资源环境”的议案，共投入资金5500万元，投放礁体6200个，目前建设礁区面积达23.48 km^2，已建成4个人工鱼礁区，包括大辣甲南准生态公益型人工鱼礁区、大辣甲东北准生态公益型人工鱼礁区、灯火排生态公益型人工鱼礁区、青洲生态公益型人工鱼礁区[26]。

3. 增殖放流

由于增殖放流对改善海洋生态环境、提高渔业捕捞产量具有重要意义，大亚湾自1984年开始，每年都开展增殖放流活动，截至2012年累计共放流海水鱼苗400多万尾。在2013年举办的“休渔放生节”中，共放流鱼苗160万尾、虾苗600万尾、海龟188只，达到了养护水生生物资源、改善水域生态环境及保护渔业资源的目的，促进了人与海洋的和谐发展[27]。

4. 珊瑚移植保护

大亚湾地区为最大限度地使珊瑚免受用海项目的影响，近年来先后开展了4次大型珊瑚移植保护工程，共移植珊瑚28 000多颗，珊瑚移植成活率95.2%以上，并通过建设专门的珊瑚移植区，将受影响的珊瑚资源进行集中保护和管理，为珊瑚营造一个良好的生境。

四、关键技术

1. 黑鲷标志放流技术

黑鲷是近岸暖水性鱼类，广泛分布于我国沿海，是大亚湾主要的优质经济鱼类之一。黑鲷具有适温、适盐性较广、长速快、肉质鲜美、移动范围小等特点，是发展增养殖业的优良对象种[28]。

黑鲷标志放流就是首先选取天然黑鲷苗，利用海上养殖网箱进行中间培育，增殖放流时对黑鲷进行挂牌标志，然后选择与自然种群相适宜栖息的海区和时间进行放流，回捕时即可增殖恢复由于捕捞过度而衰退的黑鲷资源。

2. 紫海胆增殖放流技术

紫海胆是我国东南沿海的重要渔业品种，大亚湾是紫海胆的重要分布区，由于对其长期过度开发利用，目前大亚湾野生紫海胆资源严重衰退，增殖放流已成为恢复和保护紫海胆资源的重要措施。

中国水产科学研究院南海水产研究所通过调查大亚湾的海洋环境，掌握大亚湾紫海胆资源恢复重建区海洋环境和海洋生物现状，找出适合紫海胆适宜生存的最佳海域，最终选址于礁岩底质的中央列岛附近。2013 年 4 月，中国水产科学研究院南海水产研究所的团队成功攻克人工育苗和中间培育技术这一难题，通过对大亚湾当地优选的亲体进行促熟、催产、孵化和培育等相关人工育苗技术研究，共培育出平均壳径 5 mm 的苗种 92 万粒，通过约 7 个月的水泥池中间培养，培养出平均壳径 12 mm 的幼海胆 8.6 万粒，并进一步进行了紫海胆苗种的海区现场增殖放流技术研究[29]。

五、管理水平

1. 积极开展监测调查

大亚湾地区通过有计划地开展海洋环境监测、涉海工程项目监测、养殖渔业水体监测及赤潮监测，实施增殖放流效果跟踪调查，建立监测工作档案，及时掌握海洋环境动态变化，建立健全海洋与渔业工作制度，制定《大亚湾区贯彻落实〈广东海洋经济发展试点工作方案〉实施细则》，为海洋环境管理提供科学依据和技术支撑。目前，惠州大亚湾近岸海域总体水质保持良好状态，水质基本达到《海水水质标准》的第一类、第二类，大亚湾近岸沉积物质量总体保持良好状态[21]。

2. 严厉打击破坏海洋环境的行为

大亚湾地区对不按规定建设或未正常投入运行环境保护设施、非法排污造成重大环境污染事故、不进行环境影响评价的行为予以严重处罚。对重点海域，做到一日多巡。同时加强对无居民海岛的巡查力度，严厉打击非法填海、倾废、采砂、乱搭乱建及电炸毒鱼等破坏海洋环境的行为。

3. 设立扶持渔村集体经济专项发展资金

为增加渔民收入，推动渔村集体经济转型发展，大亚湾地区制定《大亚湾开发区扶持渔村集体经济转型发展暂行办法》，设立扶持渔村集体经济专项发展资金，由区财政部门每年安排不低于 1000 万元的专项经费，专门用于当年年度各渔村户籍渔民生活补贴发放、渔民技能培训和扶持渔村集体经济转型发展项目，将澳头渔人码头二期食街商铺经济收益用于渔村经济发展，完善渔村基础设施[22]。

第七节　海南三亚蜈支洲岛海洋牧场

自 2010 年以来，三亚市渔业资源衰退较为严重，近海渔场有 15 种经济鱼类渔获率下降 35%以上。因此三亚市海洋渔业部门规划建设 8 个海洋牧场，计划在未来 10 年内投入大量资金在近海投放人工鱼礁 80 万 m^3·空，并增加相应渔业资源的增殖放流数量，建立苗种繁殖场、驯化场等，以改善海洋环境和增殖渔业资源。

2011 年 5 月，三亚市正式启动建设我国首个热带海洋牧场——蜈支洲岛海洋牧场。该海洋牧场位于三亚海棠湾“国家海岸”休闲度假区内，其定位是休闲观光型海洋牧场，通过人工鱼礁的投放和增殖放流，保护旅游景点周围较为脆弱的生态环境，以更丰富的旅游资源和更多样化的旅游模式吸引游客，推动海南“国际旅游岛”的建设。

与国内山东、大连等省市打造的海洋牧场不同的是，三亚蜈支洲海洋牧场并不是为了发展第一产业的渔业养殖规模，而是通过给鱼类创造栖息地，丰富海钓、潜水观光等海洋休闲观光产业元素，使海洋牧场成为连接第一产业和第三产业的通道。三亚市海洋与渔业局局长章华忠认为，三亚的海洋牧场建设是人类对大海慷慨赠与的一种回赠，无论是谁建设，都属于人类的公共财富。海洋牧场规模的扩大，不仅有利于旅游区发展各类海洋休闲项目，更是对海洋资源的一种保护，为三亚旅游升级注入可持续发展的海洋生态元素[30]。

三亚蜈支洲岛海洋牧场建设 6 年多以来，已形成了藻类、珊瑚类、贝类、鱼类等千亩海洋牧场规模及海洋生物圈，取得了良好的海洋生态效益和社会效益，形成了海洋开发经营反哺海洋生态修复的人与自然和谐相处的海岛开发模式，吸引着国内外游客慕名到蜈支洲岛潜水、游玩等。

一、地理位置

蜈支洲岛位于三亚市北部的海棠湾内，东经 109°45′，北纬 18°18′，北与南湾猴岛相对，南邻亚龙湾，距三亚市中心 30 km，距三亚凤凰国际机场 38 km，紧邻海南东线高速公路，交通便利。

作为中高端旅游者必选的海南旅游景点之一，蜈支洲岛集热带海岛旅游资源的丰富性和独特性于一体，是海南岛周围为数不多的具有淡水资源和丰富植被的小岛，岛上有 2000 多种植物，种类繁多，并生长着许多珍贵树种。

二、环境条件

1. 气候条件

蜈支洲岛地处低纬度地区，属于热带海洋季风气候，全年气候温和怡人。年平均气温 25.7℃，气温最高月为 6 月，平均 28.7℃；气温最低月为 1 月，平均 21.4℃。由于太平洋暖流的回旋，即便是最冷的 1 月，三亚的平均气温和海水水温都在 20℃以上，具有建设热带海洋牧场的天然优势。同时该地降雨丰富，年平均降雨量 1263 mm，6～10 月为雨季，台风季节往往雨水增多，降雨量占全年的 90.2%。

2. 海域条件

蜈支洲岛四周海域清澈透明，海水能见度 6～27 m，南部水域海底有保护完好的珊瑚礁，是世界上为数不多的没有礁石或者鹅卵石混杂的海岛，也是国内最佳潜水基地，享有“中国第一潜水基地”的美誉。

作为海钓胜地，蜈支洲岛每年适合海上休闲娱乐的游钓期长达 9 个月；同时该海域盛产海参、龙虾、马鲛鱼、海胆、鲳鱼等水产品，渔业资源极为丰富，因此将其建设成以保护热带海洋生态环境和扩大热带渔业资源为目的的休闲观光型海洋牧场。

三、开发情况

1. 基本概况

2011 年 5 月，我国首个热带海洋牧场——三亚蜈支洲岛海洋牧场正式投入建设。该项目计划总投资 2000 万元，依托海南大学等高校和科研院所的科学技术，结合蜈支洲岛现有的旅游资源和旅游设施，以人工鱼礁建设为中心内容，通过人工环境改造和渔业资源增殖放流等措施，建设中国第一个热带海洋牧场，在保护热带海洋生态环境和扩大热带渔业资源的同时，开展热带海洋生态观光和海上垂钓等活动，建成国内外一流的具有热带海洋特色的休闲渔业项目[31]。

2010 年是蜈支洲岛海洋牧场建设的论证年，验证蜈支洲岛是否能建设成我国首个热带海洋牧场；2011 年是蜈支洲岛海洋牧场建设的试验年，在蜈支洲岛西南侧投放了人工鱼礁 2000 m^3·空[32]。

通过试验验证和完善后，自 2012 年开始大规模建设，完成蜈支洲岛海洋牧场及配套设施的建设。首先在蜈支洲岛东、西两侧投放大约 5 万 m^3·空鱼礁井以实施相应的鱼、贝、藻类的增殖放流。围绕投礁和放流两项中心工作展开的同时，其他各项配套工作也全面展开，包括投礁前对投礁地点的具体方位的实地勘测和评估、礁型和礁群组合的确定、放流种类的选定、放流苗种尺寸和时间地点的确定、投礁和放流后如何跟踪调查和评估效果、建立苗种繁殖场（在已有基础上提高档次）、立项研究鱼类选种培育技术和驯养技术、建立海洋环境质量监测站和监测制度、建立牧场的管理制度、学习国家和地方关于保护海洋环境的各项法规政策，以及总结已有的法规在保护海洋牧场方面尚不够完善之处等。

2. 人工鱼礁建设

蜈支洲岛海洋牧场的建设目的是通过人工改造环境和利用渔业资源增殖放流等措施，保护脆弱的生态环境，兼顾旅游观光。因此人工鱼礁建设是蜈支洲岛海洋牧场建设的主要内容。

蜈支洲岛海洋牧场建设之初，计划三年内投放人工鱼礁 1.8 万 m^3·空，人工鱼礁总面积为 1000 亩。在蜈支洲岛东侧投放人工鱼礁礁体 8000 m^3·空，人工鱼礁面积 500 亩；在西南侧投放礁体 1 万 m^3·空，人工鱼礁面积 500 亩。2012 年 10 月，蜈支洲岛在三亚市海洋与渔业局的支持下投放 618 个人工鱼礁，共计 8000 m^3·空；2013 年，蜈支洲岛在三亚市海洋与渔业局的支持下再次投放 300 个人工鱼礁，共计 7300 m^3·空；2014 年，蜈支洲岛在海南省海洋与渔业厅的支持下投放了 130 个人工鱼礁，共计 3200 m^3·空；同年，蜈支洲岛旅游区在三亚市海洋与渔业局的支持下投放了铁壳沉船 4 艘；2014～2016 年，蜈支洲岛旅游区先后投放了 20 多艘废弃钢质渔船[30]。

截至 2016 年，三亚蜈支洲岛海域已先后投放人工鱼礁 1500 多个、23 700 多空立方米，其中，30 多米长废弃渔船构建的船型礁近 20 艘、11 760 m^3·空，大大恢复了渔业资源。目前，三亚蜈支洲岛海域共投放人工鱼礁 5 万多空立方米。

四、关键技术

1. 不同类型的人工鱼礁投放技术

2011 年，三亚市计划在蜈支洲岛西南侧投放人工鱼礁 2000 m^3·空，以修复受到破坏的海洋生态环境和缓解渔业资源匮乏的现象。三亚市根据蜈支洲岛海域的生态环境与渔业资源特点，将其建设成为集生态保护、海上垂钓及潜水观光等多功能于一体的开放型和公益型人工鱼礁区，即东鱼礁群（生态型人工鱼礁区）和西鱼礁群（开放型人工鱼礁区）。

通过利用不同类型的人工鱼礁投放技术，不仅能保护旅游景点周围较为脆弱的生态环境和恢复渔业资源，还能以更丰富的旅游资源和更多样化的旅游模式吸引游客，最终达到渔业可持续发展的目的。

2. 热带鱼类的增殖放流

三亚地处热带，盛产各种名贵水产品种。主要增殖放流品种有点带石斑鱼、紫红笛鲷、斑节对虾、红鳍笛鲷、方斑东风螺等。虽然海南是斑节对虾的主要产区，具有一定的资源量，但是由于大量捕获亲虾导致斑节对虾生物量急剧下降。

根据三亚的海水苗种培育、生长季节、天气等条件，选择恰当的时间增殖放流这些热带鱼种，可以改善渔业海域渔业资源和鱼群种群结构，促进渔业生产的发展[33]。

五、管理水平

1. 人工鱼礁管理

目前，海南省的海洋牧场建设还处于起步阶段，发展水平不高，与山东、浙江、广东等省相比还有较大距离，管理水平还停留在人工鱼礁建设的层次上。

人工鱼礁建设不仅改善了海域的生态环境，还减轻了渔业资源的压力。三亚市海洋与渔业局有关负责人表示，一个地区要想降低捕捞强度，减轻渔业资源压力，可以采取的方法有很多，如每年实行定期休渔、限额捕捞、划定禁捕渔区和禁渔期、限制网目等。但渔民的生存问题终究要解决，建设人工鱼礁就为解决这个尖锐的矛盾提供了“软着陆”的环境。被淘汰的废旧渔船经过拆卸、清理、改造，可以用作人工鱼礁，进行选点投放，为鱼虾提供繁殖的场所，既保护了渔业资源，又让被淘汰的废旧渔船得到利用。渔民可由从事拖网作业改为从事游钓业或经营游艇，解决了他们的就业问题[34]。

2. 面向未来的管理模式

由于海洋牧场的建设需要较大的海域使用面积，并且需注重生态环境效益，不同于网箱养殖那种高投入、高密度、高效益的养殖模式，所以海洋管理部门对于建设海洋牧场所需的海域使用面积的审批和海洋使用金的征收，应实行更加优惠的政策。

海南热带海洋学院副研究员李卫东建议，海洋牧场建设必须突破传统的渔业管理模式，建立产权（或使用权）清晰的管理体制，要按照“政府推进、行业联动、市场运作、社会参与”的运作方式，让政府、企业、渔民三者共同参与，调动各方参与建设的积极性。要在统一规划的指导下，把管理体制与投入机制联系起来，使有实力的企业参与海洋牧场的建设，明确和保障企业的利用权益；鼓励渔民以合作的形式参与海洋牧场的建设、管理。

三亚市海洋与渔业局副局长李丹青表示：“三亚将发挥加大政府投入在多元化投入机制中的‘主导’作用，在政策上放活、资金上扶持、项目上优先，按照‘谁使用谁保护、谁受益谁补偿、谁损害谁修复’，积极鼓励企业资金投入，在全市分期分批建成区域优势突出，经济、社会、生态效益明显，产业融合度和资源整合效益高的省级休闲渔业示范基地和海洋牧场科技生态观光园。”[35]

第八节　中国海洋牧场建设急需解决的问题

国内外的浅海养殖业都有着悠久的历史，有传统的经验可借鉴。但对于游泳生物放牧来说，目前处于幼年时期。因此要实现海洋牧场化，至少要解决以下 4 个问题。

一、核心技术不成熟

目前，我国的海洋牧场产业缺乏相对独立的应用基础，海洋牧场技术的研发仍然相对滞后，特别是许多关键技术如海藻（草）床高效建设技术、大规模优质健康苗种繁育及高效增殖放流技术、放流对象生物学行为的有效控制技术、牧场生物资源高效探测与评估技术、安全高效生产的创新技术及牧场信息化监控管理技术等尚待研发；缺少具有自主知识产权的现代高端技术，创新能力亟待提高。

二、技术体系与平台建设亟待建立

由于海洋牧场的建设还比较依赖国内的增养殖业、人工鱼礁业、增殖放流业等技术体系，没有形成独立的技术体系，所以产业链上的技术储备还不足，缺乏一套完整的海洋牧场行业标准；尤其突出的是现有的海洋牧场选址所采用的研究方法、分析手段、评价方法还不完善，选址工作科学依据不足，缺乏有效的评价手段，导致选址决策主观性、随意性、片面性现象较严重；产业技术研发平台建设过多地依靠地方上的研究资金资助，尚未成立国家层面的专门研发机构，缺乏独立的国家级海洋牧场科研管理机构。

目前我国海洋牧场主要是依靠行业管理部门的政府行为建设起来的，以非营利性工程建设形式为主，常具有一次性短期投资的性质。由于建成后的海洋牧场长期的管理维护费用不足，所以难以针对海洋牧场维护效果开展有效的科研反馈。因此，我国海洋牧场的建设应当首先在国家层面完善海洋牧场建设技术体系和研发平台建设，这样才有利于其产业化。

三、管理制度建设不完善

美国、加拿大为了保护他们投资放养的鲑鱼资源，不允许其他国家在北太平洋捕捞鲑鱼。如200海里专属经济区制度建立以前在各国领海以外是自由捕鱼的，但进入200海里专属经济区时代后，入渔就必须经过主权国的允许，签订一些限制性协议，而且入渔条件也日渐苛刻。

目前，我国海洋牧场的发展呈现南北旺盛，中部薄弱的局面，布局不合理，建设发展不平衡；海洋牧场的选址依赖人工鱼礁区的现象较为严重，使得海洋牧场选址的综合性和全面性受到影响，不利于海洋牧场充分和全面的发展；法律法规尚不健全，管理不到位。目前海洋牧场项目的建设与管理，仅限于政府资金立项扶持的项目。社会、企业自建的人工鱼礁缺乏有效的管理，致使部分海洋牧场建设后的管理处于无序状态。目前，重建设轻管理现象依然存在，由于缺乏全面的管理制度和成熟的管理经验，我国很多地区海洋牧场的管理均不到位[36]。

四、缺乏综合规划和长期管理

海洋牧场是一项长期开发、长期管理、长期研究的大型综合性产业。日本从1971年日本海洋开发审议会确立发展海洋牧场，已经历时46年，至今仍在近海和外海广泛开展投放人工鱼礁和增殖放流，进行海洋牧场化的建设。韩国从1998

年开始建设海洋牧场，并对海洋牧场的建设做了从 1998～2030 年的长期规划。这些国家之所以把海洋牧场作为长期事业来发展有以下几方面原因。

1）海洋牧场化有浅海、近海和外海三个层次，增殖种类也分为定居种、趋礁种和洄游种，应依照技术难易程度，进行长期开发；

2）海洋牧场最终目标是实现产业化，管理主体也会由政府机关转为民间，所以其政府管理周期是随着技术产业化程度提高而延长的，需要政府长期保管产业；

3）海洋生态系统的研究具有复杂性，其状态监测往往是以 10 年或 50 年为单位进行计算的，需要较长时间的研究。因此，海洋牧场需要被作为一项长期的战略产业加以扶持，以保持宏观政策的连续性。

第九节　海洋牧场建设的经验借鉴

中国海洋牧场的建设起步较晚，这是我国海洋牧场发展的天然短板，但与此同时，我们可以借鉴发达国家海洋牧场建设的成功经验来指导国内的海洋牧场建设，学习其先进的方法和技术，避免重走弯路，从而更加科学有效地建设和发展具有中国特色的海洋牧场。

从美国、日本、韩国等发达国家海洋牧场建设的成功经验来看，建设具有良好生态效益、经济效益和社会效益的现代化海洋牧场，需要以下几个重要的因素共同投入。

一、全面长远的规划

日本从 20 世纪 70 年代开始提出建设海洋牧场，并在 1980～1988 年，分三个阶段进行海洋牧场技术的开发。韩国从 1993 年开始海洋牧场的建设研究，在 1994～1996 年进行了海洋牧场建设可行性研究，并开始实施从 1998～2030 年的“海洋牧场计划”。

海洋牧场的建设是一项功在当前、利在千秋的工程，因此发展海洋经济要从实际情况出发，进行海洋牧场建设的可行性研究，并做好长期建设规划，而不是盲目追求发展海洋经济的风头。

二、良好的政府支撑

日本和韩国都将海洋牧场建设列入国家规划，从国家宏观政策上支持了海洋牧场的建设。同时，各级地方政府也积极出台相关政策法规，引导和支持海洋牧场的建设。

因此，海洋牧场的建设应该以政府支撑为主导，合理安排海洋牧场建设选址和布局，推动海洋牧场布局向外海、深海发展，推动社会资本投资生态型海洋牧场，推动企业技术引进和技术创新，提高海洋牧场建设的科技含量和规模化、生态化水平[37]。

三、足够的科研投入

韩国在建设统营海洋牧场等 5 个海洋牧场示范区时，有包括海洋水产部、韩国海洋水产开发院、韩国海洋研究与发展研究所、韩国国立水产科学院等在内的相关研究院所参加，为海洋牧场的建设提供一些科技研究方面的技术支撑。

由于海洋牧场的建设涉及多个学科，如苗种培育、增殖放流等，同时还涉及多种前沿科学技术，如生物驯化、环境监控等，所以只有配备足够的科研投入，才能确保海洋牧场的顺利建设。

四、科学高效的管理

韩国统营海洋牧场建设初期是由韩国海洋研究与发展研究所负责实施，但建设过程中由于出现了人员冗杂、任务分配不均、科研经费浪费等现象，受到了韩国检察院的处分。因此 2007 年，韩国海洋水产部决定将海洋牧场项目交给韩国国立水产科学院管理，并成立专门负责海洋牧场建设和实施的部门——海洋牧场管理与发展中心，以对海洋牧场实现科学高效的管理[21]。

目前中国资源增殖和海洋牧场的相关法律还没有制定，因此为促进海洋牧场的建设，完善渔业管理的人力配置，建立一个强有力的、科学高效的管理机构是很必要的。

五、积极的社会参与

日本、韩国，尤其是美国，在海洋牧场建设过程中，渔民、社会团体和企业都积极参与投资，在有关当局批准的条件下，有钱出钱、有物出物，并采用谁投资、谁受益、谁管理的方式进行海洋牧场的建设，并取得了较好的效果。

海洋牧场的建设，是一项规模大、投资高的事业，因此应该在政府的主导下，引导更多的人员投入，尤其要处理好渔民之间的关系，以促进海洋牧场建设的顺利进行。渔民是建设海洋牧场的受益者，同时也是承担者。一方面，海洋渔业只有与渔民的生产特点和所掌握的生产技能相配合，才能促进其快速发展；另一方面，在人工鱼礁的投放过程中，渔民应该被禁止在人工鱼礁周围进行捕捞，以免破坏礁体。

参 考 文 献

[1] 李波，宋金超. 海洋牧场：未来海洋养殖业的发展出路[J]. 吉林农业，2011，(4)：3.

[2] 中国科学技术协会. 海洋高技术[M]. 上海：上海科学技术出版社，1994.

[3] 张国胜，陈勇，张沛东，等. 中国海域建设海洋牧场的意义及可行性[J]. 大连水产学院学报，2003，18（2)：141-144.

[4] 中华人民共和国农业部. 农业部关于创建国家级海洋牧场示范区的通知：农渔发[2015]18 号[Z].（2015-04-20）.

[5] 蒋铁民. 环渤海区域海洋经济可持续发展——选择与对策[C]//山东省科学技术协会. 山东省海洋经济技术研究会 2002 年度学术会议论文集. 2002.

[6] 李河. 山东省海洋牧场建设研究及展望[D]. 秦皇岛：燕山大学，2015.

[7] 包尚友，孙坤，张丽丽. 打造现代海洋牧场獐子岛迎发展新机遇[J]. 农产品市场周刊，2014，(11)：32.

[8] 吟诗. 獐子岛海洋牧场建设项目成为大连市“百大”项目[EB/OL].（2012-03-01）[2017-06-16]. http://zzd.0411hd.com/lvyouxinxi/12114.html.

[9] 王颖，周露. 我国虾夷扇贝底播增殖产量影响因素研究——以獐子岛为例[J]. 中国渔业经济，2014，32（1)：104-109.

[10] 陈郁. 大连獐子岛：耕海万顷养海万年[N]. 经济日报，2010-12-10（010）.

[11] 于险峰，张仁军. 深耕“海洋牧场”[N]. 农民日报，2009-12-28（001）.

[12] 吴思强，管剑峰，刘萍. 日照顺风阳光海洋牧场[N]. 中国渔业报，2015-12-28（B01）.

[13] 日照市海洋与渔业局. 山东日照岚山区创建浅海立体综合养殖新模式[EB/OL].（2014-03-28）[2017-06-16]. http: //www.shuichan.cc/news_view-180309.html.

[14] 王自堃. 江苏出台规划建设海州湾现代牧场[N]. 中国海洋报，2016-05-26（002）.

[15] 刘安琪，秦永春，丁艳峰. 连云港海州湾成全国第一批国家级海洋牧场示范区[N]. 连云港日报，2015-12-04（001）.

[16] 陈骁，许祝华，丁艳锋. 江苏海州湾海域海洋牧场建设现状及发展对策建议[J]. 中国资源综合利用，2016，

34（5）：43-45.

[17] 吴佳佳. 海州湾：为蓝色经济储备能量[N]. 经济日报，2010-11-05（016）.

[18] 丁增明，杨淑岭，刘刚. 海洲湾海洋牧场建设修复生境技术的应用浅析[J]. 水产养殖，2012，33（5）：29-31.

[19] 郑晓卫，金天. 加快建设海洋牧场推动连云港渔业大发展[J]. 大陆桥视野，2011，（5）：45-47.

[20] 李连凯，陈胜. 舟山市白沙岛海洋牧场建设现状分析及发展对策研究[J]. 绿色科技，2011，（10）：13-15.

[21] 佚名. 白沙乡 [EB/OL]. [2017-06-26]. http://www.agri.com.cn/town/330903202000.htm.

[22] 胡伟民. 舟山白沙岛海洋牧场海上建设工作完成[N]. 中国海洋报，2010-11-23（003）.

[23] 刘舜斌. 建设海洋牧场是舟山渔业的新希望[J]. 海洋开发与管理，2008，25（2）：149-152.

[24] 姚丽娜，任淑华. 舟山现代渔业管理体制的问题及对策[C]//农业部渔业局，中国渔业协会，浙江省海洋与渔业局，等. 2008（舟山）中国现代渔业发展暨渔业改革开放三十年论坛论文集. 2008：7.

[25] 李波. 关于中国海洋牧场建设的问题研究[D]. 青岛：中国海洋大学，2012.

[26] 罗诗吟. 大亚湾着力构筑海洋牧场[N]. 中国渔业报，2012-04-09（003）.

[27] 杨晓梅. 大亚湾投 5500 万构筑“海洋牧场”[EB/OL].（2013-08-29）[2017-06-16]. http://www.china.com. cn/2013-08/29/content_29863609.htm.

[28] 林金錶，陈涛，陈琳，等. 大亚湾黑鲷标志放流技术[J]. 水产学报，2001，25（1）：79-83.

[29] 赵志玉. 南方“海中刺客”大批现身大亚湾紫海胆资源恢复成功进入第二年[J]. 海洋与渔业，2014，（9）：42-43.

[30] 阳奕，李秀梅. 三亚蜈支洲岛“海洋梦”：打造万亩海洋牧场[EB/OL].（2016-09-26）[2017-06-16]. http://news.0898.net/n2/2016/0926/c228872-29060708.html.

[31] 魏月蘅，王晓樱. 中国首个热带海洋牧场开建[N]. 光明日报，2011-05-26（010）.

[32] 李青，朱燕. 三亚建海洋牧场发展休闲渔业[N]. 中国旅游报，2011-06-06（013）.

[33] 郑冠雄. 海南省渔业资源增殖放流技术[J]. 齐鲁渔业，2008，（8）：42-43.

[34] 陈人波. 三亚计划 10 年打造“海洋牧场”[EB/OL].（2014-02-27）[2017-06-16]. http://www.sanya.gov. cn/business/htmlfiles/mastersite/jrdt/201402/120056.html.

[35] 郭萃. 面临科技力量薄弱海域审批等问题海南咋建设海洋牧场[EB/OL]. [2016-02-18]. http://news.hainan. net/hainan/yaowen/yaowenliebiao/2016/02/18/2848833.shtml.

[36] 阙华勇，陈勇，张秀梅，等. 现代海洋牧场建设的现状与发展对策[J]. 中国工程科学，2016，18（3）：79-84.

[37] 都晓岩，吴晓青，高猛，等. 我国海洋牧场开发的相关问题探讨[J]. 河北渔业，2015（2）：53-57.

第七章　海洋牧场未来发展趋势

第一节　世界海洋牧场发展趋势

海洋牧场已进入国际化快速发展阶段，世界发达国家一直在探索研究如何更好地开展海洋牧场建设，如美国、挪威、英国、日本、韩国等都把建设海洋牧场作为振兴海洋经济的重要战略。对发展中国家来说，建设海洋牧场，促进海洋生态建设，也是科学利用海洋资源、加速拓展发展空间的迫切需要。根据对世界发达国家海洋牧场建设资料的分析与综合，世界海洋牧场发展趋势主要体现在技术、政府宏观管理、生态环境、投资规模等几方面。

一、技术方面

在海洋牧场建设和管理中，各国纷纷把各个领域的尖端技术引入海洋牧场的建设中，将水产养殖、土木工程和生物学研究结合起来。例如，在苗种培育方面，应用现代基因培育的方法（多倍体、杂交、选育、转基因等技术）选择优良的鱼苗品种，达到增产的目的；在苗种放流及后期管理阶段，利用科学的方法测算最好的放流时间、地点及放流密度等问题，同时应用标记跟踪及回捕技术来对鱼类进行现代化的管理，例如，美国运用转基因技术改变鱼的基因，建立鱼群自主管理的方法；在海洋牧场管理监控方面，可以引入音响、光电等驯化鱼类行为的技术，以及现代化的海洋牧场环境监控系统等。随着科学技术的飞速发展，海洋牧场的建设不再是劳动密集型产业，而是逐渐向技术密集型产业发展，包括把遥感影像技术、地理信息系统技术及全球定位系统等运用其中，制作生态资源地图、海洋环境地图、水产资源管理地图等为海洋牧场的建设提供及时有效的信息。

海洋牧场的建设涉及领域宽广，技术众多。养殖技术包括人造上升流、人工苗种孵化、自动投饵、气泡幕、音响驯化、海洋牧场浮式聚鱼等技术；监控技术包括超声波控制、环境监测、水下监视、资源管理、远程监控投饵等技术；工程技术包括栖息地改造技术、生境修复技术、放流技术、管理和回捕技术、鱼礁设计等。随着科学技术的快速发展，未来海洋牧场发展会涉及更多科学技术，融合各学科领域的尖端科技，进行创新性突破，趋向于机械化管理监控，技术应用会更加成熟。

二、政府宏观管理方面

海洋牧场建设需要政府的支持，良好的法律法规环境能促进海洋牧场快速健康地发展。美国的海洋牧场建设与其他国家的海洋牧场建设有较大的差异，主要差异在于美国政府对鱼礁建设的干预相对较少，在早期都是民间组织对海洋牧场进行建设和研究，后来政府才参与对海洋牧场建设进行相关的研究和规模化的组织。目前发达国家有相对完善的渔业管理制度，日本、韩国、美国纷纷建立海洋牧场方面的法律政策，为今后的海洋牧场发展提供一个较好的政治环境。今后的海洋牧场发展也会朝着生态友好型方向发展，也应制定一些能够让生态环境和渔民经济利益两全的海洋牧场法律法规。

三、生态环境方面

目前海洋牧场生态环境已成为国内外海洋领域专家关注的焦点，通过调查发现，已经有不少渔场出现生态环境被破坏的情况。例如，美国曾经因草鱼过多而影响生态平衡的问题，在早年也有对海洋牧场养殖鱼类与野生鱼类的关系进行研究；韩国采用“渔场歇年制”来净化环境，防止污染。今后的研究可能会重点集中在海洋牧场生物多样性和物种平衡方面，利用不同海洋生物种类的习性，开展多元化立体养殖。海洋牧场作为一个生态系统，应该建立属于自己的能量交换体系，建立自己的生物多样性体系结构。可持续发展一直是当今社会发展最重要的话题，相应地，海洋牧场的建设也要以“绿色”为主题，开发低碳绿色的能源，创造清洁安全的海洋环境，为形成世代相传的健康海洋牧场而奋斗。因此，在今后海洋牧场开发建设中，应严格遵循自然规律，建设生态友好、持久发展的海洋牧场。

四、投资规模方面

海洋正不断地受到破坏与污染，其治理受到各国的重视，投放人工鱼礁、建设海洋牧场成为遏制这一情况的可行性办法。日本、韩国、美国等在建设海洋牧场时注重资源的修复与维护，韩国截至 2010 年投入海洋牧场建设的资金已超过 1700 亿韩元，资金投入巨大。海洋牧场作为海洋主要产业来开发，其投资力度及规模正不断扩大，各国尤为注重技术开发方面的资金投入。

在日本、韩国由于政府重视程度高，现已经形成规模化海洋牧场，并逐步扩大建设区域，未来会将整个海域连成一体，形成海域规模化、整体化的发展趋势。

第二节　中国海洋牧场发展趋势

我国海洋牧场的建设在进入 21 世纪后，虽然发展比较快速，但技术不成熟，发展规模比较小，需要各方面的支持。但可喜的是，海洋牧场的功能和作用已引起国家及各级政府的重视，中国将进一步推动海洋牧场建设的深度和广度的研究与实践。未来中国海洋牧场将会拯救海洋濒危资源，结合科学技术，建设绿色新型海洋产业，形成集“育、养、娱”为一体的综合型养殖模式海洋牧场，带动经济发展，促进产业转型，改善海洋生态环境，形成“蓝色粮仓”，产生良好的生态效益、经济效益和社会效益。比较海洋牧场建设与发展较为先进的发达国家的情况，中国海洋牧场发展的重点主要体现在技术、管理水平、法律法规、标准体系等几方面。

一、新技术、新方法的研究与应用

21 世纪，我国海洋发展模式由“吃海”逐步发展到“养海”，正如古人云“欲取先予”。现代的海洋牧场采用增殖放流和移植放流的手法将生物苗种经过中间育成或人工驯化后放流入海，以该海区中的天然饵料和投喂饵料为食物，并采取适于鱼类生存的生态环境措施（如投放人工鱼礁、建设涌生流构造物等），利用声、光、电或其自身的生物学特性，采用先进的鱼群控制技术和环境监测技术对其进行人为、科学的管理，使其资源量增大，形成一种改善渔业结构的系统工程和未来型渔业模式。海洋牧场是由生境修复与优化、苗种生产、苗种放流、生态与环境监控、育成管理、收获管理等多种技术要素有机组合的海洋渔业生产系统[1]，需要大量的、先进的生物技术、机械化海产品加工技术应用到海洋牧场建设中，海洋牧场的建设引领着世界渔业养殖新技术的革命。全自动投喂、先进的鱼群控制技术（包括人工的驯化技术、基因的控制技术、声光电技术，还有大型的人工孵化厂、大型的遥控养殖网箱的技术等）等技术的开发与利用也是目前中国海洋牧场建设中需要提高的主要方面[1]。

1. 生境修复和优化技术

海洋牧场不是简单的海水养殖，它代表着一种崭新的业态，不仅是生产方式的转变，更是对人与自然关系认识的转变。过去一味向海洋索取，结果掏空了“家底”，只有与海洋和谐相处，才是科学的可持续发展之道。海水养殖，表面上看能使海产品产量迅速增加，但从长远来看对生态环境的改善并没有太大作用，甚至会导致局部环境遭到破坏。建设海洋牧场首先要解决的就是恢复生态环境，所谓“生态优先，先场后牧”。科学建设各种海底礁体是恢复生态、构建海洋牧场的第一步。尽管海洋牧场拥有诸多优势，但是还有许多问题需要特别注意，首先生境修复技术，人工鱼礁类型、大小、材质的选取、投放地点、投放数量等各方面决定了生境修复的成功与否，生境修复不只是简单的投放工作，而是经过详细调查计算与分析得出的一种方案。我国学者发明了一种人工鱼礁与人工水草复合的水生态修复方法，即将水草固定在鱼礁顶部再投放，但是这种方法具有区域及环境针对性。我国生态修复及优化技术还不成熟，投放人工鱼礁后能否修复原有生态环境，只是理论上的评估，现实会存在差异，需要根据实际情况作出调整，随着时间推移，人工鱼礁会移位或者腐蚀粉碎，如何处理，如何投放新的鱼礁，以及滩涂环境修复技术等，这些都是未来需要研究的重点[2]。

2. 增殖放流、鱼类驯化技术

人工增殖放流是用人工方法直接向海洋、滩涂、江河、湖泊、水库等天然水域投放或移入渔业生物的卵子、幼体或成体，以恢复或增加种群的数量，改善和优化水域的群落结构。广义地讲还包括改善水域的生态环境，向特定水域投放某些装置（如附卵器、人工鱼礁等），以及开展野生种群的繁殖保护等间接增加水域种群资源量的措施。海洋牧场增殖放流存在很多问题，包括放流规模、海域放流位置、放流数量、在何种环境下放流成活率高、效益最好等，以及评估的放流物种在实际操作中出现抵触或者猖狂进化行为时该如何处理，这都是很难把握的问题。增殖放流是一项复杂的系统工程，这不仅是指其增殖放流技术和效果评价的复杂性，更主要的是增殖放流既要实现恢复资源数量的目的，又必须保证放流水域的生态系统不受到破坏、物种自然种质遗传特征不受干扰，也就是说增殖放流效果存在好或坏的可能，即存在生态安全风险[3]。因此，切勿盲目追求高经济价值鱼种的增殖放流，建设海洋牧场应“以生态优先”，其次才是资源增殖、在现有捕捞和养殖业面临诸多问题的背景下，海洋牧场作为一种新的产业形态，其发展有赖于健康的海洋生态系统，因此必须重视生境修复和资源恢复，根据生态容量确定合理的建设规模，这是海洋牧场可持续发展的前提。放流苗种的选取，要依据生态环境来决定，要合理、适量，切勿盲目无节制地放流，否则会造成适得其反的后果，破坏生态环境。需要根据不同区位，增殖放流特色鱼种，特别是海南热带海域，发展海洋牧场旅游，需要增殖放流观赏性鱼种，培育观赏类生物如砗磲等物种，结合海洋工程项目的发展方向，合理选取增殖放流苗种类型。

目前人工管理海洋牧场比较费时费力，这需要像陆地牧羊犬一样看家护院。在海洋牧场中训练鱼类，使其听从人类的指挥，或者在某个阶段控制鱼类等，都是未来高科技化建设海洋牧场的发展趋势。美国的伍兹霍尔海洋生物学实验室，利用生物干扰技术培育出的妒鱼，可以按照声音或其他信号的指示，在规定的时间自动游到规定的区域，还可以按照固定的时间和路线去吃固定份额的食物，然后返回到固定的区域。鱼类行为控制技术作为海洋牧场运行的四大关键技术之一，是确保海洋牧场得以高效运作的重要技术支撑。当前海洋牧场鱼类驯化主要以人工操作为主，以鱼类行为学为理论基础，我国研究者可以将生物干扰技术和基因技术相结合，进行基因定位，同时在借鉴国外研究成果的基础上，特别是日本的音响驯化技术，针对不同鱼种，制定特殊音乐，形成独特的驯化技巧，加以实验室试验，开发了一种鱼类驯化装备，在声、光及投饵系统之间实现逻辑控制，并设计相应的投饵、能源供应和视频监控系统等，形成一种定时定点的无人值守式鱼类自动驯化系统，从而实现海洋牧场内科学的鱼类驯化，推动海洋牧场的建设和发展[4]。根据鱼类对声、光等刺激因素的趋性反应，配合诱食性饵料的适量投入，可实现海洋牧场中鱼类行为的控制，加强开发海上鱼类音响驯化系统，培育出能够控制吃食和活动范围的鱼，听从人类指挥，进而实现远程控制鱼群的生长和活动。

3. 生态调控、实时监控技术

随着 GIS、RS、GPS 技术的发展并应用到海洋牧场的监管中，我国已经建设基于 3S 技术的海洋牧场远程监控管理系统，正处于初步发展阶段，仍需要不断创新。自然界中的生物种群间的数量比往往是一个常数，一旦比例失调，有可能造成生态灾难。例如，在挪威大马哈鱼养殖中，发生逃逸现象，大马哈鱼扩散到了大西洋、太平洋水域，引起生物污染，造成生物灾害；2014 年我国獐子岛海洋牧场也出现了扇贝失踪事件。因此，海洋牧场建设中需要进行严格的监测与鱼类控制。海洋牧场海表层、中层、底层的水温、营养盐含量，不同的时期是不一样的，对生物种群的数量和水产品质量产生的影响也不同，这就需要进行监控，此外，整个海洋牧场系统的能量循环是否平衡，各等级物种数量是否合理，也需要监控，这就需要建立海洋牧场速报机制，及时监控海洋牧场的动态变化，保护海洋生态环境，实现社会、经济、环境的和谐发展。

4. 捕捞技术

捕捞技术关系着放流鱼类的回捕率。要根据鱼类的行为及习性，不同的鱼贝类品种，采用不同的具有选择性和环保性的捕捞渔具和捕捞方法进行适度的捕捞，放小的、留大的，不能一网打尽，不损伤环境，要保证生物种群和环境的可持续性[1]，在这方面的技术仍需要深入研究开发。

5. 深海遥感养殖技术

近岸、浅海海域受陆地环境及人类活动的影响，生态环境较为脆弱。近海进行网箱养殖很容易造成海水的污染，所以网箱的养殖应向远洋深海发展。现在美国采用一种遥控的养殖网箱，将其应用于深海鱼的养殖，用一种声音模仿成群结队的鱼群，实现了海洋生物的放养，等待他们长大以后再进行捕捞。美国学者认为这种高度自动化的养殖网箱将会从根本上改变鱼类养殖模式[1]。我国太阳能、风能等技术开发较为先进，可以利用太阳能、波浪能和其他再生能源为深海网箱等设施提供能量，渔民可以通过导航系统（GPS）和信息物理系统（CPS）在陆地监测养殖网箱，调节航速等，同时也可监测鱼类在这种大型遥控网箱里面的生长状况，获取渔业信息。海洋当中的每个部分都有它的变量，运用移动养殖网箱技术可以保证鱼类在各个生长阶段获得最理想的生长空间[1]。未来，我国学者可以研究如何让这类养殖网箱模仿自然系统，控制其运动方向，随着指定的海流自由游动。

6. *海洋牧场专利技术*

近年来，中国政府和企业对海洋牧场的建设更加重视，随着资金投入、项目开发等力度加大，研究人员规模也随之扩大，新技术开发更加多元化，申请的专利逐步增多，且多为实用新型专利，如“海洋生态环境模拟养殖池”“用于清除海洋牧场生物驯化池残饵及代谢物的除污装置”“人工诱导上升流海洋牧场”“双循环零排放的健康养殖系统”“一种用于海洋牧场音响驯化的控制仪”“一种三角柱状人工鱼礁”“海洋牧场远程监控管理系统”“基于 3S 技术的海洋牧场监控管理系统”等，这些海洋牧场专利技术多为近 5 年的研究成果。海洋牧场是一个渔业生产系统，涉及的内容及技术广泛，如苗种培育、生物驯化、养殖、工程和环境监测等，随着研究的不断深入及技术的不断开发，海洋牧场的研究将融合化学、生物、物理等各学科内容，未来海洋牧场专利技术会逐步增加，会更需要人们对其进行创新性探索。

二、管理水平的不断提高与完善

我国海洋牧场的建设过程存在重建设、轻管理的问题，对海洋牧场能否进行科学性、系统性的管理，关系着海洋牧场建设的成败。比如，将人工鱼礁投放到海水中，某些鱼群会聚集到人工鱼礁区栖息，如果不进行管理，任由人们随便捕捞、垂钓人工鱼礁区的鱼类，有可能对资源造成更大的损害。因此，需要科学地确定应用于人工鱼礁区的渔具、捕捞方法及合理的捕捞量等[1]。目前我国海域分为两大类，一类是开放性的，由政府管理监控；另一类是企业或者渔民承包管理开发的，因此海洋牧场有公益性质和私营性质的区分。从经济效益来说，私营性质获取的经济价值更大，惠利人群更多。公益性质的海洋牧场在初期投放人工鱼礁后，监控管理意识较低，甚至被人们遗忘。因此，可以进行承包制管理。当然针对不同类型的海洋牧场，管理方法与技术也不同，应采取与其相适应的方法进行管理。

海洋是由多个部门相互配合进行管理的，不同部门对海洋的使用存在冲突是一个很大的问题。因此，对于海洋牧场的建设，还面临法律体制、机制创新的问题。目前我国关于海洋牧场的建设规范、监管条例比较少，且缺乏针对性；海洋牧场法律体制比较欠缺，管理漏洞比较多，缺乏法律法规保障及惩戒措施。在海洋牧场的政府宏观管理方面，我国需要制定全国性的海洋牧场建设规划及管理规定，应把海洋牧场作为海上的战略粮食基地来建设，这就需要明确的规章制度来规范人类行为，建设完善的法律体系，实现人与自然的可持续发展。

当今社会迈入数字化时代，出现了很多诸如“数字地球”“智慧城市”等新兴名词。最近我国又提出“互联网+”战略，海洋领域也可以借助计算机和网络进行信息化管理，建设“智慧海洋牧场”，进行数字化、智慧化管理，建构全国性海洋牧场信息管理系统，包括开发、投放、后期管理等过程中的一切信息，信息共享，人人监督。根据智慧海洋牧场的特征和组成，其体系架构建设应通过综合运用现代科学技术、整合信息资源、统筹各项海洋牧场运营管理应用系统，服务于海洋牧场的规划、建设和管理[5]。应通过物联网技术、云计算技术、大数据与数据挖掘技术，实现海洋牧场智能化的运营管理。

三、海洋牧场法律的规范建设

我国没有明确关于海洋牧场建设技术及管理的规范，虽然《国务院关于促进海洋渔业持续健康发展的若干意见》明确要求“发展海洋牧场，加强人工鱼礁投放”，以及《中华人民共和国海洋环境保护法》中对我国海洋牧场建设批准部门有明确规定，但其建设过程资金限制及补给，海洋牧场的所有权、使用权、监管权等均没有明确的界定。现有许多省市编制了单独的建设及管理规定，如《山东省渔业资源修复行动计划人工鱼礁项目管理暂行办法》《河北省人工鱼礁建设管理规定（试行）》《广东省人工鱼礁管理规定》《三亚市海洋牧场管理暂行办法》等，但仍缺乏系统明确的建设规范、技术规范、管理规范等法律保障措施。

为推进我国海洋牧场事业的发展，必须制定完善的法律法规，明确各级权限，建立详细的海洋牧场建设技术体系，建立相关的保护、监控及惩治制度体系，成立监管工作机构，组建执法团队，同时成立技术团队研发海洋牧场自主产权技术。只有建立了完善的法律体系，才能促进海洋牧场快速发展。同时教育建设是必然趋势，宣传海洋牧场资源养护及增殖效果，提高管理意识，培养自主管理能力。

四、海洋牧场标准体系的构建

海洋牧场建设是长期的、阶段性的过程，我国海洋牧场建设目前只有简单的流程，并未形成独立的体系，因此，需要构建完善的海洋牧场建设标准体系，以提高海洋牧场建设工程的科学性、示范性和可推广性。海洋牧场建设标准体系主要分为以下几个环节。

1. 前期调查分析阶段

1）海域调查。由政府或者海域使用者组建调查团队，前往实地调查，包括海域生态环境、水产资源状况、开发情况、陆地基础设施建设、区位优势等各项内容，进行分类详细调查。

2）确定开发海域及类型。根据实地调查状况确定是否开发此海域、评估其是否适合开发，以及规划开发的类型。

3）确定海洋牧场建设类型。根据已有的基础设施状况、海域资源优势及周围渔民状况确定海洋牧场建设类型，建设的类型要符合当地发展规划定位。

4）投资效益分析。海洋牧场建设之前都会进行可行性研究，但是海洋是神秘未知的，并不为人类所掌控，海洋牧场建设又是长期的，投资回收期较长。因此，其投资效益分析不能按常规项目进行处理，需要更专业、更具针对性，建设投资效益分析团队不仅要看到投资顺利的一面，同时也要估算投资失败的所有可能，此外，海洋牧场建设所带来的环境效益、生态效益预期估算存在不可控制的因素，需要多维考虑，确保海洋牧场建设的高效性。

5）制定海洋牧场建设规划。根据实地调研结果，对海洋牧场建设进行规划设计，包括对海洋牧场的发展目标、建设阶段、建设内容等进行详细的规划，对如何实现规划目标进行具体计划和制定措施。

2. 实施建设阶段

1）海洋牧场选址。首先确定海洋牧场选址的原则，这起着重要的指导作用，根据位置、气候属性等各方面因素，制定具有针对性的选址原则；结合海域特色、现实条件分析建设海洋牧场的目的，确立海洋牧场类型，分析影响海洋牧场的因素，对海域水质、生物多样性、栖息环境及陆地环境等各项因素进行实地数据收集调查；同时针对海洋牧场区域进行评价分析，确定海洋牧场建设的具体位置；对确立的海洋牧场位置环境进行追踪调查评价，确定最终方案。

2）人工鱼礁建设类型。根据海洋牧场建设规划，结合海洋牧场建设目的和类型，同时分析海域环境因素（水深、pH、温度、潮汐、波浪速度和高度、底质、自然灾害等），以及结合海域生物优势物种资源，选取人工鱼礁类型，确立人工鱼礁材质、体积、形状、用途等各方面数据，同时借助开发区域的资源优势，以高效利用资源。

3）投放人工鱼礁。投放人工鱼礁是重要的技术性活动，并非简单地投放，在投放之前，需运用空间分析等方法，确定鱼礁投放位置，利用GPS等先进技术进行精准投放，同时借助仪器测算流速、波浪等各方面的影响后，再进行合理的配合放置，人工鱼礁的叠加及挪移，也需要精确的计算，防止因海流流速的影响，造成位置偏移。

4）育苗放流。根据海洋牧场的建设规划、建设类型、人工鱼礁投放类型，选取适合的苗种进行增殖放流。在选取苗种时，要经过多方考察，选取经济鱼苗或经济价值高的鱼苗，或者各种鱼苗的组合。对海域的承载力，以及鱼苗可能的活动范围进行估算，结合经济状况、生态条件进行合理配置放流。

5）监控管理。人工鱼礁动态、海洋生物变化、生态环境等各项均需进行实时的监控管理。人工鱼礁投放、苗种放流之初其自身变化及其对海域生态环境造成的影响，也需要实时监控，以便评估建设方案的可行性及成败的概率，方便及时调整海洋牧场后期的建设。

6）建设效果分析。对海洋牧场初期建设进行效果分析，对建设海洋牧场产生的生态效益、经济效益和社会效益进行全方位的调查评价分析，确定海洋牧场建设效益，同时定期获取海域生态环境数据，分析海洋牧场生态效果，是否实现初期目标，以便指导后期发展规划。

在此过程中，需要完善的法规和技术保障体系。但是在我国有关渔业法规中海洋牧场并未有明确的规定，为确保海洋牧场的建设顺利进行和保护投资者利益，必须加强相关法律建设。海洋牧场的建设过程中涉及政府及企业各部门的权利、义务及职责，以及建设中监督等工作，均需要制定完善的管理制度。同时海洋牧场的建设中需要技术支持，应制定合适的海洋牧场建设的相关技术规范。

海洋牧场空间开发利用是未来海洋产业发展的一大趋势，可以建设海洋牧场主题公园，与海洋沿岸空间开发结为一体，增加海洋牧场附加值，建设与基础设施相融合的大型海洋综合开发绿色项目。

3. 运营管理阶段

1）海洋牧场的维护与管理。维护与管理是海洋牧场建设成败的关键所在，前期建设可提供良好的基础支撑，后期维护使之走上正轨，科学管理，才能实现经济效益最大化。现已投入的耐腐蚀性鱼礁寿命可达 30 年，像轮胎、废弃车船等耐腐蚀性低，寿命短，需要建设、维护、监管部门组织进行定期海底人工鱼礁现状调查，及时投放新的人工鱼礁。有些公益性质的海洋牧场初期投资力度大，较受重视，但后期缺乏合理的运营管理，导致了前期的投资浪费，达不到预期的效果。此外，自然灾害（台风、赤潮等）会对海洋牧场产生较大程度的破坏，这就需要专业人员进行维护管理。因此，应建设维护管理队伍。

2）建设运营机制。建立运营团队，成立协调机构、日常管理团队、技术指导组等，来负责海洋牧场的发展，并能够根据实际状况作出调整，合理运营海洋牧场。无论是公益性质还是企业性质的海洋牧场，都需要建立完善的管理体制，制定相关法律制度来保障各方面权益，合理分配运营监管权利，设立政府专属部门进行监督检查。鼓励企业参与，聘用专业人士进行运营发展的规划，建设政府、企业、渔民、专家学者共同参与的运营体制队伍，赋予其相应的职权，共同建设海洋牧场。

3）海洋牧场建设实施结果报告。各阶段要作出合理的评估，保护生态环境。海洋牧场建设结果如何、产生的各方面效益等均需要进行阶段性的评估，初期建设结果、中期运营状况、项目建设结果及随着海洋牧场的运营发展产生的动态影响，需要进行实时监控、实时调查；然后进行评估分析，归档记录；再根据实际情况，逐步制定后期的发展计划，实现人与自然的和谐相处。

运营管理是最繁杂的过程，包括环境监测、牧场监督、财务管理、档案管理、资源开发和利用管理、设施维护管理等，需要科学规划，合理布局，切勿一味地追求经济利益、激进发展。海洋牧场收益缓慢，需要以资源养护为主，改造建设为辅，进行海洋资源的合理利用，以实现可持续发展。

五、发展多元化产业化规模化的综合型海洋牧场

海洋牧场类型繁多，我国已建成的海洋牧场主要偏向于增养殖型海洋牧场，

以养殖增产为目的，更多地追求经济效益，由于高密度培养鱼种或精养商品鱼，造成了一些区域生态恶化。因此，海洋牧场发展要注重生态修复与海洋保护，建设生态与增殖相结合的海洋牧场，在此基础上发展垂钓、体验、餐饮、运动等休闲渔业和观光旅游产业，建构海上主题公园，采用综合型养殖模式，向多元化发展。未来中国海洋牧场逐步向集生态、增殖、休闲于一体的海洋牧场发展，建设育苗、养殖、娱乐综合型海洋牧场基地。

我国海洋牧场多建设在沿海海湾、滩涂等地域，且以养殖居多，分布面比较小，主要在沿海的海湾、岛屿等几个点，缺乏规模性。采取以点带面的形式，在原有的海洋牧场建设基础上，逐步扩大其规模，合理开发利用我国沿海海域的海洋资源，使其连成片状规模化发展。同时拓展渔业发展空间，向深海开发，推进深海海洋牧场建设，研究深海海域文化。

我国海洋牧场建设之初，大部分是由政府出资建设，缺乏有效的评估规划及后期的管理经营，应逐步向物权化管理[6]，使企业参与海洋牧场的建设管理，形成产业化。强化“服务就是管理”的理念，加强海洋牧场建设配套设施的建设，统筹规划和合理布局增殖苗种生产与供应基地建设，建立健全海洋牧场建设技术支撑和服务体系，提供相关技术培训和咨询服务，同时抓紧制定相关技术标准和操作规范，强化各项监管措施，建设产业化的海洋牧场[7]。

我国海洋牧场发展较晚，基础比较薄弱，要加大监管力度，逐步科学规范和有序地建设海洋牧场，使其向多元化、产业化和规模化方向发展，以建设深层次综合型海洋牧场，保卫“蓝色家园”。

参 考 文 献

[1] 中国科协学会学术部. 海洋牧场的现在和未来[M]. 北京：中国科学技术出版社，2013：14.

[2] 佚名. 改“捞”为“养”科学捕捞让海底沙漠变牧场[EB/OL].（2016-08-12）[2017-06-12]. http://news.cctv.com/2016/08/12/ ARTIdW9CJcx6aBnkFCksMbnR160812.shtml.

[3] 李继龙，王国伟，杨文波，等. 国外渔业资源增殖放流状况及其对我国的启示[J]. 中国渔业经济，2009，27（3）：111-123.

[4] 张磊. 海洋牧场鱼类驯化技术研究及装备设计[D]. 上海：上海海洋大学，2014.

[5] 王恩辰，韩立民. 浅析智慧海洋牧场的概念、特征及体系架构[J]. 中国渔业经济，2015，33（2）：11-15.

[6] 阙华勇，陈勇，张秀梅，等. 现代海洋牧场建设的现状与发展对策[J]. 中国工程科学，2016，18（3）：79-84.

[7] 潘澎. 海洋牧场——承载中国渔业转型新希望[J]. 中国水产，2016，（1）：47-49.

附录　人工鱼礁信息汇总表

人工鱼礁的分类	人工鱼礁的类型	制作的材料	作用的对象	投放的海底深度	流速	水质
按适宜投礁水深划分	浅海养殖鱼礁	混凝土、钢质材料及木质材料等的任何一种	海藻礁、鲍鱼礁、海胆礁、养蚝礁及游钓鱼礁	水深 2～9 m 的沿岸浅海水域	流速不宜过急，以不超过 77 cm/s 为基准	pH：7.8～8.3 化学耗氧量（COD）：＜2 mg/L 溶解氧（DO）：＞7.5 mg/L 大肠杆菌：＜1000 MPN/100 ml 油物污染：无
	近海增殖鱼礁		增殖型鱼礁、幼鱼保护型鱼礁、渔获型鱼礁	水深 10～30 m 近海水域		
	外海增殖鱼礁		增殖型鱼礁、渔获型鱼礁、浮式鱼礁	水深 40～99 m 外海水域		
按建礁目的或鱼礁功能划分	养殖型鱼礁	混凝土、钢质材料及木质材料等的任何一种	鲍鱼礁、龙虾礁、海参礁及海藻礁	水深 30 m 以内较适宜		
	幼鱼保护型鱼礁		浅海幼鱼保护型鱼礁	水深 30 m 以内较适宜		
	增殖型鱼礁		放养海参、鲍鱼、扇贝、龙虾等鱼礁	水深 30 m 以内较适宜		
	渔获型鱼礁		以提高渔获量为目的鱼礁	水深 20～40 m		
	浮式鱼礁		为吸引洄游性鱼类的聚集	水深 200 m 洄游性鱼类必经的路径		
	游钓型鱼礁		为旅游者提供垂钓的鱼礁	水深 20～40 m		
按制礁材料划分	混凝土鱼礁	以混凝土为主	底、中、上层鱼类（根据规格大小的不同设置在不同的深度）	水深 20～40 m		
	钢铁鱼礁	以钢质材料为主	底、中、上层鱼类，如诱集金枪鱼	水深 20～40 m		
	木制、竹制鱼礁	木材钉成框架，中间压石块	底、中、上层鱼类	水深 20～40 m		

续表

人工鱼礁的分类	人工鱼礁的类型	制作的材料	作用的对象	投放的海底深度	流速	水质
按制礁材料划分	塑料鱼礁	塑料或塑料构件	中、上层鱼类	水深 20～30 m	流速不宜过急，以不超过 77 cm/s 为基准	pH：7.8～8.3 化学耗氧量（COD）：＜2 mg/L 溶解氧（DO）：＞7.5 mg/L 大肠杆菌：＜1000 MPN/100 ml 油物污染：无
	旧轮胎鱼礁	废旧轮胎	底层鱼类为主	水深 40 m 左右		
	石料鱼礁	天然块石	底层鱼类为主，如海参鱼礁	水深 40 m 左右		
按鱼礁结构和形状划分	箱形鱼礁	一般为混凝土材料	底、中、上层鱼类（根据规格大小的不同设置在不同的深度）	水深 20～40 m		
	框架形鱼礁					
	三角形鱼礁					
	梯形鱼礁					
	异体鱼礁					

后　记

南海海洋资源利用国家重点实验室（State Key Laboratory of Marine Resources Utilization in South China Sea）已于2016年7月获批，它是我国第一个针对南海海洋资源进行开发利用和保护研究的国家重点实验室，也是目前海南省唯一一个国家重点实验室。实验室聚焦南海海洋资源及其利用研究，符合国家战略布局。国家重点实验室包括很多科研团队，海洋牧场团队便是其中一个，海洋牧场团队针对南海海洋牧场规划、建设、监测、评估及管理各个方面进行深入的基础研究及实践推广。

本书的构思就是在这样的背景下产生的。海洋牧场团队计划在5年内出版一套“热带海洋牧场丛书”，本书是此丛书的第一本。本书共分为七章，分为三个部分。第一部分主要是对海洋牧场的起源及建设背景和国内外海洋牧场的发展历程进行了介绍；第二部分主要对全球海洋牧场建设比较成功的国家和地区进行了梳理和介绍，内容包括日本海洋牧场、韩国海洋牧场、美国海洋牧场及中国海洋牧场的建设发展历程；第三部分是海洋牧场未来发展趋势展望。本书整体框架由王凤霞完成，并完成了本书的第一、第三、第四、第五与第六章的编写和后续的修改工作，张珊完成本书第二和第七章的编写。在本书完成过程中，颜慧慧、王思、吴霞、王强等同学参与完成了资料收集等大量工作，在此表示感谢！同时也感谢科学出版社的编辑为本书的出版提供的支持！

在编著此书过程中，笔者愈发感受到了海洋牧场对海洋生态环境修复、海洋产业发展及其产业融合与升级等方面的促进作用。由于作者知识水平有限，书中难免有疏漏之处，还请各位读者批评指正。

路漫漫其修远兮，吾将上下而求索。

王凤霞

2017年10月于海口